# 钛/铝

## 特种氩弧焊工艺

魏守征 著

 化学工业出版社

·北京·

钛合金和铝合金广泛应用于航空航天、舰船和汽车等工业中，钛/铝复合结构也得到越来越多的重视，实现钛与铝的可靠连接具有重要意义。

本书以作者多年的技术和科研经验为基础，全面阐述了国内外钛与铝焊接技术的新进展，涉及连接方法、工艺改进、结合机理、焊接缺陷及断裂行为等新理论和技术成果。内容包括：介绍了一种新的熔钎焊技术并综述了钛与铝异种材料熔钎焊技术；对钛与铝进行了钨极氩弧熔钎焊、熔化极氩弧熔钎焊工艺探索和理论分析；相对完整地阐述了钛与铝氩弧熔钎焊的连接机制，阐述了钛与铝的界面结合机理；还重点介绍了钛与铝氩弧熔钎焊接头焊接裂纹和断裂行为等。

本书可供从事焊接技术、异种金属连接与材料开发、航空航天等专业的工程技术人员使用，也可供高等院校师生、科研院（所）和企事业单位的科研人员阅读和参考。

**图书在版编目（CIP）数据**

钛/铝特种氩弧焊工艺/魏守征著．—北京：化学工业出版社，2019.12（2023.1 重印）

ISBN 978-7-122-35217-0

Ⅰ.①钛… Ⅱ.①魏… Ⅲ.①钛合金-气体保护焊-焊接工艺②铝合金-气体保护焊-焊接工艺 Ⅳ.①TG444

中国版本图书馆 CIP 数据核字（2019）第 202929 号

---

责任编辑：朱 彤
文字编辑：陈 喆
责任校对：张雨彤
装帧设计：刘丽华

---

出版发行：化学工业出版社
　　　　　（北京市东城区青年湖南街 13 号　邮政编码 100011）
印　　装：北京科印技术咨询服务有限公司数码印刷分部
710mm×1000mm　1/16　印张 9¾　字数 185 千字
2023 年 1 月北京第 1 版第 2 次印刷

---

购书咨询：010-64518888
售后服务：010-64518899
网　　址：http://www.cip.com.cn

凡购买本书，如有缺损质量问题，本社销售中心负责调换。

---

定　　价：58.00 元　版权所有　违者必究

# 前言

钛合金和铝合金以其优异的屈强比、良好的耐蚀性和抗疲劳性能，广泛应用于航空航天、舰船、高档汽车等工业中。随着运载设备轻量化技术的进步和需求，钛/铝复合结构受到了广泛重视，钛和铝两种金属的焊接成为亟待解决的课题。

鉴于钛和铝物理化学性质的差异，两者实现熔焊结合面临残余应力大、生成脆性相多等难题。本书在综述了钛与铝焊接研究现状的基础上，根据熔钎焊技术原理进行了钛与铝的氩弧焊技术探索。本书的主要特色如下：

① 采用改进的填丝钨极氩弧焊和脉冲熔化极氩弧焊对钛与铝进行了氩弧熔钎焊，阐述了连接工艺（包括焊丝合金成分、焊接热输入等）对 Ti/Al 接头焊接区组织特征的影响。

② 通过对接头焊接区元素分布与物相结构的研究和分析，阐述了钛与铝异种金属的结合机理，并进一步阐明了氩弧焊工艺、焊接区显微组织、钛与铝结合机理之间的内在联系。

③ 通过对接头中焊接裂纹的形成机制与扩展行为的研究，阐述了氩弧焊工艺、焊接区显微组织、焊接裂纹之间的联系。

本书的研究工作得到山东大学李亚江教授、王娟教授，中北大学李志勇教授、张英乔副教授的悉心指导；本书的编写还获得国家自然科学基金项目（No. 51175303、No. 51805492）和山西省自然科学基金（201801D221149）的资助，在此一并表示衷心感谢。

鉴于作者水平有限，书中疏漏之处在所难免，恳请广大读者谅解和批评指正。

著者
2019 年 6 月

# 目录

# 第4章      钛/铝熔化极氩弧焊

# 第5章      钛/铝结合机理

# 第6章　焊接缺陷及断裂

# 第1章
# 概述

## 1.1 钛/铝异质焊接的意义

### 1.1.1 钛合金的特种应用

钛及钛合金具有良好的高温性能、耐腐蚀性及高的比强度，作为轻质结构材料具有良好的机械加工成形能力，在航空航天、航海、化工、医疗及汽车等工业领域均获得了广泛应用。1948年，杜邦公司首先开始商业化生产钛，钛及其合金开始在航空发动机、卫星、导弹等制造中得到应用，并逐渐推广至化工、能源、冶金等领域。随着现代工业装备高性能化和轻量化的需求不断增加，钛合金的研发和应用越来越受到广泛重视。但由于各国在技术水平方面存在差异，钛及其合金在不同地区的应用存在较大差异（图1-1）。

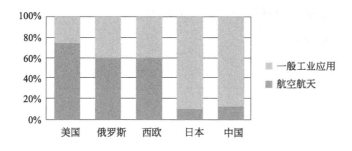

图1-1 世界各地区钛及其合金的应用[1]

**（1）钛合金在航空航天工业中的应用**

钛合金在航空工业中的应用多集中在航空发动机及机身部件上，飞机常用的钛合金部件见表1-1。

1950年，钛合金首次被用于美国F84战斗机后机身隔热板等非承力结构[2]。随着制备技术的进步，钛合金在航空工业中的应用日趋广泛。21世纪初期美国F-22四代战斗机钛合金用量为39%～41%，是当时美国军用机中用钛量最高的机型，F-22 用钛具体部位如图 1-2 所示。其机身 35％为钛合金制造，包括四个舱壁；后机身 67％为钛合金材料，即所谓的梁架构。美国 SR-71 军用侦察机机身结构的93％采用了钛合金结构（图 1-3），保证了飞机在高速飞行时能够承受与空气摩擦产生的高温。

表 1-1　航空工业常用钛合金部件[1]

| 应用场合 | 钛合金部件 |
| --- | --- |
| 发动机 | 低压压气机风扇叶片、隔板、风扇阀、压气机盘、前轴、涡轮后轴、高压压气机鼓轮等 |
| 飞机机身 | 防火墙、发动机断舱、蒙皮、机架、纵梁、舱盖、龙骨、制动阀、停机装置、紧固件、支撑梁、前机轮、拱形架、襟翼滑轨、隔框盖板等 |

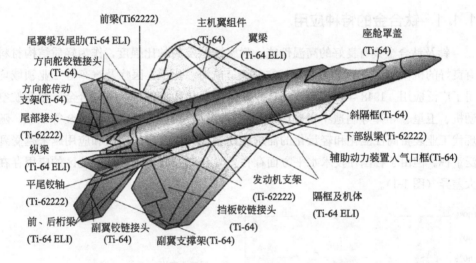

图 1-2　美 F-22 战机及钛合金应用部位[1]

图 1-3　美国 SR-71 军用侦察机[1]

民航工业中钛合金的用量也在不断增大，如图1-4所示。波音737客机中用量约1.9%，而在波音787大型客机中用量增大至约15%。空客A380作为目前世界上最先进的大型客机代表，全机结构中钛合金约占机体质量的10%[3]；图1-5为空客A380机身用钛主要部件及用钛情况：最大质量约3.2t的飞机主起落架由Ti-1023合金制造，是目前世界上最大的航空单体锻件。为了提高材料的断裂韧性，降低裂纹扩展速率，A380客机大量使用了经β退火的Ti-6Al-4V合金和一种新型近β高强度钛合金VST55531（Ti-5Al-5Mo-5V-3Cr-Zr）[1]。截至目前，在民航工业中航空发动机风扇（图1-6）、压气机盘与叶片以及机身梁、接头和隔框等承力结构多采用钛合金制造[4,5]。

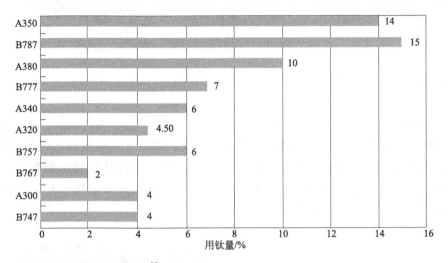

图 1-4　国外民航客机用钛量[1]

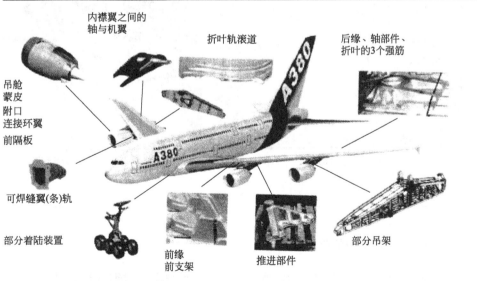

图 1-5　空客 A380 主要用钛部件[1]

(a)叶片                                    (b)叶轮

图1-6  钛合金制航空发动机风扇[1]

由于钛合金比强度高，具有良好的低温综合力学、热学等性能，在航天领域中深受关注，例如火箭喷嘴导管、人造卫星外壳、宇宙飞船船舱及起落架、推进系统、燃料储箱、发动机壳体、叶轮、输送泵等多采用钛及钛合金制造[6,7]。图1-7(a) 所示为火箭运载器 X-33 机身背风面 Ti-1100 钛合金防热板；图1-7(b) 为火箭发动机低温钛合金管状结构。

(a)火箭运载器X-33                        (b)火箭发动机低温管状结构

图1-7  钛合金航天领域的应用[1]

### (2) 钛在航海舰船中的应用

海水含有 $Na^+$、$Mg^{2+}$、$K^+$ 和 $Cl^-$ 等十多种离子，对钢铁材料具有很强的腐蚀性。钛及钛合金在海水、海洋大气及潮汐环境中具有较好的耐蚀性，既耐均匀腐蚀，又抗局部腐蚀。大量实践经验表明，截至目前钛合金是舰船制造和海洋工程中的最佳结构材料。在舰船工业中，使用钛合金制造的螺旋桨、声呐导流罩和其他辅助设备，可以充分发挥装备的耐腐蚀、抗压等应用性能，提高装备的可靠性和战斗力，延长设备的使用寿命。

由于钛合金的无磁性、高轻度和抗疲劳性能，核潜艇及深潜器的耐压壳体、管路系统、热交换器、冷凝器及各种泵、阀结构也常用钛合金制造[2,8,9]。钛合金还具有良好的透声性，战斗舰船的声呐导流罩广泛采用钛合金制造[9]。20世纪70～80年代，苏联制"阿尔法"级核潜艇作为用钛核潜艇的先驱，舰体约用3000t钛合金；"台风"级核潜艇约用达9000t钛合金。

目前在深潜器的研制方面，美国和日本处于世界领先地位。20世纪70年代，美国就已经研制出潜水深度3600m的深潜器，该深潜器采用Ti-6Al-2Nb-Ta-0.8Mo钛合金作为耐压壳体和其他部件，并用Ti-6Al-4V ELI合金制造浮力球；随后美国、日本、法国相继研制出用钛量较高的、下潜深度6000～6500mm的深潜器 [图1-8(a)]；我国自行设计研发的"蛟龙"号深潜器壳体主要采用钛合金结构 [图1-8(b)]，其设计深度为7000m，可覆盖全球海洋面积的99.8%，这使我国成为第五个掌握3500m以上大深度载人深潜技术的国家[1]。

(a) 日本6500m深潜器　　　　　　　(b) "蛟龙"深潜器

图1-8　钛在深潜器中的应用

### (3) 钛在高档汽车中的应用

在汽车工业中，为了提高结构的性能，TB2或TC增强的钛合金已被用于高档汽车的传动系统和尾气排放系统中，如图1-9所示[10]。图1-10及表1-2为奥迪R8赛车所用材料及其用量，钛合金用量约为1.5%，主要用于汽车发动机、刹车系统、底盘传动系统、排气系统、减震弹簧以及螺栓紧固件等结构中[11,12]。

(a)钛合金传动轴      (b)钛合金尾气排放系统

图 1-9　钛在汽车中的应用[10]

图 1-10　奥迪 R8 赛车[10]

表 1-2　汽车车身材料及所占比例[10]

| 材料类别 | 质量分数/% | 材料类别 | 质量分数/% |
|---|---|---|---|
| CFRP(碳纤维增强塑料) | 29.48 | 电磁材料 | 2.22 |
| 钢 | 26.40 | 钨/Ni-Cd | 1.98 |
| 铝合金 | 19.92 | 钛合金 | 1.46 |
| 镁合金 | 9.40 | 其他种类塑料 | 0.31 |
| 橡胶 | 5.88 | 其他 | 0.40 |
| 液体材料 | 2.55 | | |

## 1.1.2　铝合金的特种应用

铝及铝合金密度低，耐腐蚀性和比强度较高，是航空航天、舰船和汽车工业运载设备轻量化的首选结构材料。航空飞机机身、机翼（包括尾翼）蒙皮和壁板，飞机吊挂，机身桁条和隔框[13,14] 等结构主要采用铝合金制造；大多数巡航导弹壳体均采用优质铝合金铸锻件制造。目前，军用飞机结构用铝合金量为40%～60%，而民用飞机结构用铝合金量为70%～80%。例如，空客机体中铝合金板料用量约是180t[15]。在航天领域，卫星主体及火箭箭体、燃料箱与航天飞机舱体[16] 结构均以高强度铝合金为主，图1-11为航天飞机2915铝锂合金外部低温燃料箱。

图 1-11　航天飞机 2915 铝锂合金外部低温燃料箱

自1891年瑞士首次将铝合金用于汽艇制造以来，铝合金作为多种船只轻量化结构的主体材料获得了广泛应用。舰船用铝合金按用途可分为船体结构用铝合金[17,18]、舾装用铝合金及焊接添加用铝合金。铝合金在船体结构的应用主要包括船体主要结构、上部结构、隔板和框架结构等；在舾装方面，铝合金主要用于船舶内装、容器结构、各类框架箱体和油压、发动机部件等结构中[15]。例如，美国"独立"号航空母舰整舰铝合金结构用量超过1000t，"企业"号（图1-12）核动力航

图 1-12　美国"企业"号核动力航空母舰

空母舰用铝也达到了 450t[15]。

　　铝合金也是轨道列车及各类小型汽车[19,20]的主要结构材料。高铁列车、地铁列车及轻轨列车（图 1-13）等车体蒙皮、内部框架结构及桌椅等部件主要采用高强铝合金和防锈铝合金等制造。在小型汽车工业中，汽车轮毂、车身主体、热交换器、车用空调、汽车发动机及悬架系统零件等大量使用或趋于使用铝合金零件。从 20 世纪 80 年代，世界上每辆汽车平均用铝 55kg，直至 2000 年每辆汽车用铝 270kg；铝合金在汽车轻量化结构中得到了越来越广泛的使用。图 1-10、表 1-2 分别为奥迪 R8 赛车汽车车身材料的使用情况，铝合金用量约占车身总重的 20%。

(a)"复兴"号高铁列车　　　　　　　　　　　　　(b)地铁、轻轨列车

图 1-13　铝合金在列车中的应用

## 1.1.3　钛/铝复合结构的应用前景

　　随着轻量化技术的进步，为了提高运载设备的推重比、减少能源消耗，采用高强度材料与轻质材料相结合的复合结构是一种可行的方法。这种复合结构既可以达到运载设备轻量化的目的，又可以充分利用异种材料各自的性能优势。截至目前，钢/铝、钛/铝等异种材料复合结构在航空航天工业中获得了一定应用，其应用场合也日趋广泛。在钛/铝复合结构使用方面，美国 YF-12 战斗机机翼蒙皮采用了 Borsic/Al-Ti 蜂窝夹层结构，采用真空钎焊方法将 Borsic/Al 面板与钛合金蜂窝芯连接起来，使机翼重量得到减轻，提高了整机的推重比[21]；通过与波音公司等合作，采用搅拌摩擦焊制备的 Ti/Al 复合结构，已成功应用于飞机发动机前缘端盖，如图 1-14（a）所示[22]。在卫星推进系统中，也已大量采用 Ti/Al 异质合金组合管路结构[23]。据报道，德国 Titan 公司已开发出 Ti/Al 复合汽车排气系统，与钢制系统相比减重 40%[24]。另外，有研究者提出将 Ti/Al 复合结构用于航空座椅轨道结构中，以减轻机身重量并降低制造成本，见图 1-14

(b)[25,26]。Ti/Al复合结构可充分发挥钛合金与铝合金各自的性能优势，在航空航天、舰船及汽车工业领域具有良好的应用前景，对实现 Ti/Al 异质合金的可靠连接具有重要意义。

(a)Ti/Al复合航空发动机前缘端盖[22]

(b)Ti/Al航空座椅轨道示意图[26]

图 1-14　Ti/Al 复合结构在航空工业中的应用

目前，国内外关于异种金属材料的连接研究主要集中在 Fe/Ti[27~29]、Fe/Al[30,31]、Ti/Al[32~36] 和 Al/Mg[37] 等复合结构中。钛与铝常温下互溶度低，熔点、线膨胀系数（或简称为线胀系数）相差大，采用传统熔焊连接方法时，两者的熔化、混合易导致熔合区生成大量脆性的 $Ti_3Al$、$TiAl$、$TiAl_2$ 和 $TiAl_3$ 等脆性金属间化合物[38]。受应力或冲击作用，脆性相极易发生开裂造成接头失效；焊接构件的机械性能较差，限制了 Ti/Al 复合结构的应用。

# 1.2　钛与铝熔焊特点

实现异种材料熔焊连接的前提是两种材料具有完全的互溶性，能够形成间隙式连续系列固溶体。图 1-15 是 Ti-Al 二元合金相图[39]，钛与铝液态时可无限互溶，但固态时，尤其是室温下，钛在铝中的溶解度极小；665℃时，钛在铝中的溶解度为 $0.26\%\sim0.28\%$，温度降为 20℃时，钛在铝中的溶解度下降至约 $0.07\%$。此外，Ti 与 Al 在不同高温条件下反应可形成一系列脆性 Ti-Al 金属间化合物。

表 1-3 为纯钛与纯铝的主要热物理及力学性能对比[2,40]，两者熔点、线胀系数及热导率存在巨大差异。上述因素导致钛与铝异种材料的熔焊焊接性很差，必须采用适当的焊接工艺才能获得较为满意的接头。

表 1-3  纯钛与纯铝的主要热物理及力学性能对比[2,40]

| 材料 | 熔点 $T_m/℃$ | 密度 $\rho/(g/cm^3)$ | 弹性模量 $E/GPa$ | 线胀系数 $\alpha/10^{-6}K^{-1}$ | 热导率 $k/[W/(m \cdot K)]$ | 泊松比 $\nu$ | 抗拉强度 $\sigma_m/MPa$ | 屈服强度 $\sigma_{0.2}/MPa$ |
|---|---|---|---|---|---|---|---|---|
| 纯钛 | 1678 | 4.5 | 106.3 | 7.35 | 22.08 | 0.34 | 250 | 190 |
| 纯铝 | 660.24 | 2.7 | 70 | 24.58 | 235.2 | 0.3 | 75 | 28 |

总之，钛与铝异种材料的熔焊焊接所面临的问题可概括如下。

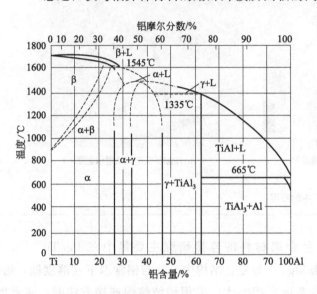

图 1-15  Ti-Al 二元合金相图[39]

### (1) 合金表面氧化与合金元素烧损

钛在高温下极易氧化，在 600℃ 左右开始与氧形成 $TiO_2$，降低接头的性能。铝高温氧化形成致密难熔的 $Al_2O_3$ 氧化膜（熔点 2050℃），妨碍液态金属的混合反应，降低接头结合强度。在熔池流动冲击作用下，部分 $TiO_2$ 氧化膜、$Al_2O_3$ 氧化膜被冲入液态金属中，熔池冷却凝固后滞留在焊缝中形成氧化物夹杂，夹杂周围存在应力集中，会导致焊缝韧性下降。

钛的熔点约为 1680℃，铝的熔点约为 660℃，铝合金中 Al 与合金元素形成的共晶组织熔点更低。进行 Ti/Al 异质合金熔焊时，为使钛熔化，加热温度需要提高，但温度过高会引起铝合金中 Mg 等低熔点合金元素的烧损，降低焊缝金属的性能。

### (2) 焊接变形量大

根据表 1-3，钛的线胀系数约是铝的 1/3，热导率约是铝的 1/10。熔焊过程中钛、铝两侧传热速率、热胀冷缩程度存在很大差异，增大了熔焊过程中焊接温度场与应力场分布的不均匀性，导致焊件变形量增大，造成结构失效。

**(3) 脆性金属间化合物**

在熔焊过程中，钛与铝发生局部熔化混合，高温下发生不同的冶金反应：在665℃时，形成 $TiAl_3$ 型金属间化合物；在1340℃时，形成 $Ti_3Al$ 型金属间化合物；在1460℃时，形成 $TiAl$、$TiAl_2$ 型金属间化合物等，如图1-15所示[41]。Ti-Al 金属间化合物晶格内存在较高密度的位错，具有其本征脆性，导致结合区韧性降低。另外，高温下 Ti 极易与 C 及气氛中的 N 发生反应形成碳化物和氮化物，降低钛合金的塑性。

**(4) 焊接气孔**

钛高温时吸气性大，H 在钛中的溶解度很大，低温下容易扩散并凝聚，使合金焊接热影响区（HAZ）的塑、韧性下降。H 极易大量溶解于液态铝，而固态时 H 溶解度几乎为零。若焊接保护不当，熔池凝固过程中 H 来不及逸出，易在铝合金侧焊缝中形成大量 H 气孔。

**(5) 焊接裂纹**

钛与铝的线胀系数、热导率差异大，焊后厚度方向焊缝凝固收缩程度相差较大，易在接头内部形成较大的残余应力。残余应力使接头发生变形，极易导致 Ti-Al 脆性金属间化合物的开裂，形成脆性裂纹。多数铝合金为共晶组织，在焊后冷却过程中 α-Al 晶粒首先凝固并发生收缩，低熔点共晶仍处于液态，液态金属若不能填充 α-Al 收缩产生的空隙，即形成结晶裂纹。而经热处理强化的铝合金，在连接过程中近缝区母材晶界的低熔点共晶发生熔化形成液态薄膜，在应力作用下易形成液化裂纹[42]。

鉴于上述问题，进行钛与铝的熔化焊容易导致焊缝组织脆化、焊接裂纹等缺陷，焊接构件可能无法使用。

# 1.3 钛与铝焊接现状

采用熔化焊方法进行 Ti/Al 异质合金的连接时，即使可通过添加 Nb 基中间层阻碍液态钛与铝充分混合，但由于熔池的流动性和不稳定性，仍然形成大量脆性金属间化合物[27]。目前，国内外对 Ti/Al 异质合金的连接研究主要集中在扩散焊（diffusion bonding）[32,33]、搅拌摩擦焊（friction stir welding）[34,35]、钎焊（brazing）[43,44] 等连接方法上，研究内容涉及连接技术的更新、焊接工艺参数的优化等方面。

## 1.3.1 扩散焊

在一定的温度和压力条件下，通过一定时间的保温，使材料发生原子间相互扩散而实现连接的工艺为扩散连接。连接工艺可以在真空中或惰性气体中进行，可保护连接界面及被连接金属免受空气的影响，在进行钛、铝等易氧化、易吸氢合金的连接时具有优势。另外，扩散连接一般为整体加热，可减小合金受热与冷却过程中的残余应力，在实现钛与铝的可靠连接方面具有前景。

采用真空扩散焊对 TC4（Ti-6Al-4V）钛合金与 2024 铝合金进行了连接试验[45]，研究工艺参数对接头抗拉强度的影响。控制焊接工艺，可以获得结合良好的 Ti/Al 扩散焊接头；连接压力 10MPa、连接温度 570℃、保温 60min 条件下接头抗拉强度为 31.7MPa。

采用扩散焊针对 TA2 钛和 1035 铝进行连接，研究 Ti/Al 异质合金扩散焊接头的结合机制及形成规律。钛与铝通过形成一层 $TiAl_3$ 实现冶金结合。界面反应层的形成包括扩散反应形成结合、结合区新相生成、新相长大形成片层、新相层呈抛物线规律生长等阶段[33,46]。剪切测试中接头断裂于铝侧界面扩散区或铝母材中，接头强度可达到甚至超过铝母材。

TA2/5A06 异质合金直接扩散连接时[47]，Ti、Al、Mg 发生相互扩散，在接头界面形成脆性的 $Al_{18}Ti_2Mg_3$，影响接头的性能。在不同的加热温度条件下，尝试采用 Nb 抑制扩散层针对 TA2/5A06 异质合金进行连接试验[48]，研究 Ti、Al、Mg 的扩散行为。Nb 抑制层的加入在一定程度上阻碍了 Mg 向钛中的扩散，减少了 $Al_{18}Ti_2Mg_3$ 的形成，接头强度明显提高。

采用钛与铝直接扩散连接的方法易在界面处产生过量 Ti-Al 系脆性金属间化合物，不利于接头的性能，可考虑采用添加中间层或表面预处理的工艺抑制金属间化合物的产生。采用 Sn-3.6Ag-1Cu 中间层对 TC4 钛合金与 7075 铝合金进行扩散连接，为了减少合金表面氧化，对钛与铝合金均预镀一层铜，获得了结合良好的 Ti/Al 接头（图 1-16）。随着保温时间的延长，Sn 扩散率增大，接头的抗剪强度随之增大[49]。采用钛板表面预渗铝工艺实现了 Ti/Al 的真空扩散连接。Ti/Al 接头由钛侧界面、扩散过渡区、铝侧界面组成；界面过渡区中形成金属间化合物 $Ti_3Al$、TiAl 和 $TiAl_3$ 等；金属间化合物层的厚度可通过控制焊接工艺来减小[50~52]。采用钛表面热渗铝工艺对 TB2（Ti-10Mo-8V-4Al）钛合金与 1060 铝合金进行了扩散连接，寻求 Ti/Al 异质合金最佳扩散焊工艺。680℃时，钛热浸铝的最佳时间为 25min；静载荷 10MPa、连接温度 490℃、保温时间 20min，获得接头的抗拉强度达 180MPa[53]。

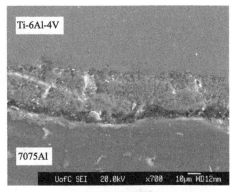
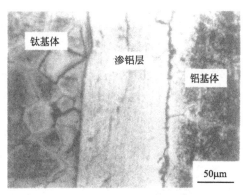

(a)表面镀铜处理[49]                          (b)表面渗铝处理[52]

图 1-16　经表面预处理的 Ti/Al 扩散焊界面

瞬时液相扩散焊（transient liquid phase diffusion bonding，TLP）中间层液化后具有自洁净作用，随后的扩散均匀化和等温凝固过程较为迅速，与扩散焊相比具有连接时间短、效率高的优点。采用 Al-10Si-1Mg 箔片作为填充金属对 cp-Ti 与 1050Al 进行了 TLP 连接，对接头的结合机制进行了研究。钛与中间层通过形成 $Al_5Si_{12}Ti_7$、$Al_{12}Si_3Ti_5$ 两种金属间化合物层实现结合；铝与中间层则通过 Si 向铝中扩散形成等温凝固区形成结合。保温时间低于 25min 时，接头抗剪强度随保温时间延长增大；超过 25min 后，中间层与金属间化合物层之间产生大量孔洞，导致接头抗剪强度下降。图 1-17 为 620℃时，不同保温时间下钛与中间层界面反应区的显微组织[32]。

采用 22μm 的铜箔片作为中间层对 TC4 钛合金与 7075 铝合金进行了 TLP 连接试验。钛侧通过 Cu 向钛合金中扩散并与 Ti 反应形成 $Cu_3Ti_2$ 相而形成结合；铝侧通过形成 Al-Cu 共晶组织，实现了良好的结合。接头的抗剪强度在保温时间为 30min 时，达到 19.5MPa[54]。

采用 Sn-10Zn-3.5Bi[55] 和 Sn-4Ag-3.5Bi[56,57] 箔片作为中间层金属，对预镀铜处理的 TC4 钛合金与 7075 铝合金进行 TLP 连接试验。对接头的结合机制进行了分析，并研究了保温时间对接头组织性能的影响。铝侧通过形成 Al-Cu 共晶组织实现连接，钛侧通过形成 Ti-Al 金属间化合物形成界面结合；随着保温时间的延长，由于 Ti-Al 金属间化合物层厚度不断增加，接头的抗剪强度呈先增大、后减小的趋势[57]。

在较高温度下，钛、铝合金表面极易氧化，采用真空扩散焊进行连接可以有效地避免合金的氧化，获得结合良好的接头；然而焊接件的尺寸受到真空室的限制，只能针对一定尺寸范围内的构件进行小批量连接，生产效率较低。

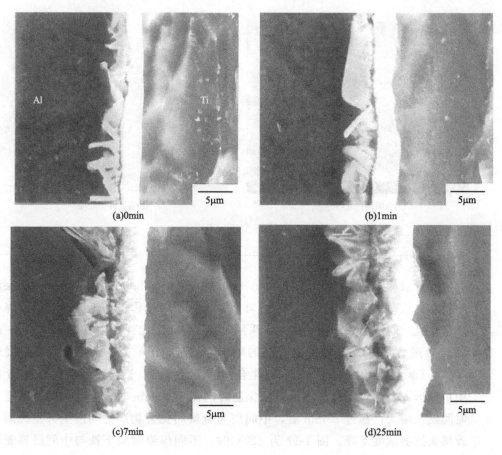

图 1-17　不同保温时间（620℃时）钛与中间层界面显微组织[32]

## 1.3.2　摩擦焊

摩擦焊是一种利用待连接件表面相互摩擦产生热量，使端面达到热塑性状态后，迅速顶锻完成连接的一种固相压力连接方法。在进行 Ti/Al 异质合金连接时，可通过摩擦使合金表面的氧化膜破碎，利于纯净金属的紧密结合；通过施加顶锻压力，可破坏连续的 Ti-Al 金属间化合物层。尝试对 Ti/ hp-Al（高纯铝）、Ti/cp-Al（工业纯铝）进行摩擦焊连接[58]，研究 Si 元素及焊后热处理对接头组织性能的影响。在 Ti/cp-Al 接头界面处，Si 一定程度上抑制了 Ti 与 Al 的相互扩散，减少了 TiAl₃ 的生成；经焊后热处理，接头断裂于界面的 TiAl₃ 层中，两种接头的抗拉强度均发生大幅下降。采用摩擦焊对 TC4 钛合金与 1200 铝合金进行连接，焊后对接头进行去应力回火处理，研究回火处理对接头元素扩散和力学性能的影响。通过控制连接工艺，可避免界面处产生脆性金属间化合物；经焊后回火处理，合金元素的扩散宽度增大，钛侧结合区显微硬度升高，接头抗拉强度可达到甚至超过铝母材[59]。采用附加感应磁场对 TC4 钛合金与 2A14Al 合金进行摩擦焊连接。铝侧再结晶区宽度受外加电磁场作用有所增大；通过磁场对摩擦副材料电子密度状态等的影响，促进了 Ti、Al 元素的扩散，提高了接头的抗拉强度[60]。

钛与铝熔点、耐磨性相差较大，采用传统的摩擦焊进行连接，两侧金属塑性流动不同步，实现顶锻结合较困难；高温下容易生成脆性金属间化合物，不利于接头的性能，两者的摩擦焊接性较差。20 世纪 90 年代，英国焊接研究所（TWI）发明了一种新型的固态连接方法——搅拌摩擦焊（FSW）[61]。FSW 通过搅拌头、轴肩与材料相互摩擦产生热量，将材料加热至超塑性状态，再通过快速转动使材料发生超塑性流动混合而形成连接。在进行异质材料的连接时，可通过强烈的搅拌作用破坏连续脆性金属间化合物层的生成，是 Ti/Al 异质合金比较理想的连接方法之一。

采用 FSW 对 TC4 钛合金与 2024Al-T3 合金进行了连接试验，控制焊接工艺获得了结合良好的接头，如图 1-18 所示。搅拌摩擦焊接头焊核区由动态再结晶的细小铝合金晶粒与微小的钛颗粒组成；接头的最高抗拉强度达到 2024 铝合金母材的 73%[34]。

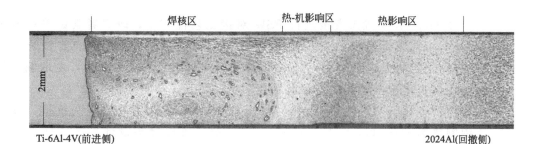

图 1-18　TC4/2024Al-T3 搅拌摩擦焊接头[34]

对纯钛与铸态 Al-Si 合金 ADC12 搭接结构进行 FSW 连接试验，实现了 Ti/Al 异质合金的可靠连接。由于 Ti、Al 的扩散反应，在界面处产生了 $TiAl_3$ 金属间化合物；接头的抗疲劳载荷可达到铝母材的 62%[62]。采用 FSW 针对 TC4/2024Al、TC4/7075Al 两种结构进行连接试验，均获得了结合良好的接头，如图 1-19 所示。Ti/2024Al 抗拉强度高于 Ti/7075Al 接头，达到 311MPa；发现 Ti/Al 界面处形成了一层 $TiAl_3$ 金属间化合物，接头多断裂于金属间化合物层中[35]。采用 FSW 对 TC1 钛合金与 5A06Al 合金进行连接试验，分析了接头的显微组织。钛与焊核区界面凹凸不平，存在白亮色颗粒；铝与焊核区实现平滑过渡，结合良好[63,64]，控制焊接工艺获得了无孔洞、裂纹等缺陷的接头[65]。采用切槽状搅拌头对 TC4 钛合金与 1060Al 搭接接头进行 FSW 连接试验[66]，实现了 Ti/Al 异质合金的可靠连接，旋涡状焊核区由钛、铝混合而成；接头的抗疲劳载荷接近 1060Al，可达 1910 N。采用改进设计的搅拌头对 TC4 钛合金与 6061Al 合金进行 FSW 对接试验[67]，发现搅拌头位置对接头组织性能具有重要影响，接头最高抗拉强度可达 135MPa。

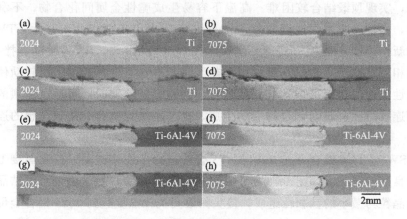

图 1-19　TC4/2024Al、TC4/7075Al 搅拌摩擦焊接头 [35]

对 Ti/Al 异质接头直接进行 FSW 对接工艺性较差，研究者尝试采用改进的 FSW 工艺进行连接试验。采用搅拌头向钛侧偏移的工艺对 TC4 钛合金与 6061Al 合金进行 FSW 连接，研究搅拌头对接头组织性能的影响：发现偏移量过小，接头存在未焊合缺陷；偏移量过大，Ti/Al 界面产生大量 Ti-Al 金属间化合物，不利于接头性能[68]。采用合适的搅拌头偏移量获得接头抗拉强度高于铝侧热影响区（heat affected zone，HAZ）。改进接头设计形式，针对 TC4 钛合金与 Al-6Mg 合金进行 FSW 连接试验，钛与铝通过形成一层金属间化合物形成可靠连接；拉伸试验中接头断裂于铝侧 HAZ，最高抗拉强度可超过铝母材的 92%[69]。采用钨极氩弧焊（GTAW）对钛侧进行预热的 GTAW-FSW 复合工艺针对 TC4 钛合金与 6061Al 合金进行连接试验，获得了无连接缺陷的接头。接头的抗拉强度达到铝母材的 91%，与 FSW 接头相比，性能提高 24%[70]。美国波音公司和华盛顿大学研究者采用改进的 FSW 工艺对 Ti/Al 异质结构进行了连接研究，使接头的性能达到了飞机使用要求，并成功应用于喷气式发动机机舱前缘端盖中[22]。

## 1.3.3　钎焊

钎焊是采用熔点比两种母材低的材料作为钎料，将接头加热至低于母材固相线、高于钎料液相线的合适温度，通过钎料发生熔化并在母材界面处快速流动铺展，填充接头间隙，最后冷却凝固形成可靠连接。由于母材未发生熔化混合，避免了有害相的生成，在承力较小的 Ti/Al 异质结构连接方面具有优势。

进行 Ti/Al 异质合金钎焊时，钎料的选择要求与两种合金均具有良好的润湿性，并能通过原子间相互扩散形成结合紧密的界面；同时，钎焊温度不能超过铝合金的过烧温度。研究者尝试以 Al-11.5Si-1.5Mg、Al-11.5Si-1.5Mg-0.15Bi 及 99%纯铜钎料对 TC4 钛合金与 3A21Al 合金进行真空钎焊试验[23]：发现采用铜钎料时，铝侧发生了严重的熔蚀，接头强度较低；采用 Al-Si-Mg 钎料获得接头性能较高，抗剪切强度接近铝母材，达 116.9MPa。而又有研究者采用 Al-11.6Si-(1~2)Mg 钎料进行 Ti/Al 异质合金的真空钎焊时，发现钎焊温度选择范围较窄，铝合金很容易发生过烧。

尝试在 Al-11.5Si 合金中添加一定量的 Sn 或 Ga 元素，组合成不同的钎料，对 TC4 钛合金与 2A12Al 合金进行钎焊连接试验；发现同时含 Sn、Ga 元素的钎料铺展性较好，一定程度上降低了钎焊温度，接头抗剪切强度较高[71,72]。

向 Al-12Si 合金中加入 Cu、锗（Ge）或铼（Re）元素，形成 Al-8.4Si-20Cu-10Ge 及 Al-8.4Si-20Cu-10Ge-0.1Re 两种钎料；针对 TC4 钛合金与 6061Al 合金进行真空钎焊[44]，有效降低了钎料的熔化温度；加入 Re 之后，抑制了脆性 $CuAl_2$ 的生成，如图 1-20 所示，接头抗剪强度可达 51MPa。

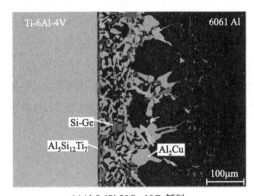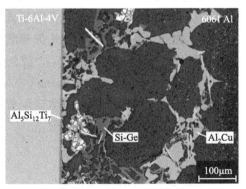

(a)Al-8.4Si-20Cu-10Ge钎料　　　　　　(b)Al-8.4Si-20Cu-10Ge-0.1Re钎料

图 1-20　采用不同钎料时的钎缝显微组织[44]

采用钎焊工艺能够实现 Ti/Al 异质合金的可靠连接，然而工艺敏感性较大，获得的接头力学性能不稳定。采用 Zn 基钎料（添加或不添加 Si），对 TC4 钛合金与 2A12Al 合金进行钎焊试验[43,73,74]。钎焊前对钛合金进行预热浸铝处理，再在超声波辅助条件下进行热浸钎料处理，研究了钎料成分对接头组织性能的影响。发现钎料不含 Si 时，钛与热浸铝层之间形成了一层条、块状的 $TiAl_3$ 实现钎焊结合；当钎料含 Si 时，钛与热浸铝层之间的 $TiAl_3$ 转变为较薄的层状 $Ti_7Al_5Si_{12}$（图 1-21）实现结合，钎焊接头的抗剪切强度获得明显提高，最高可达 138MPa。

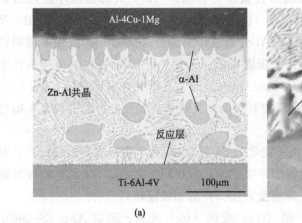
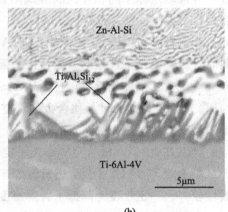

图 1-21　420℃、保温 2min 得到的钎缝显微组织[43]

　　采用真空扩散焊、摩擦焊、搅拌摩擦焊及钎焊技术均可以获得成形良好的 Ti/Al 焊接接头，尤其是采用搅拌摩擦焊时，可以得到强度超过铝合金母材 80% 的接头。然而真空扩散焊技术受限于真空室尺寸的限制，不能进行较大尺寸构件的焊接；搅拌摩擦焊仅能焊接几何形状较为简单的板状焊件；钎焊受制于其本身的工艺敏感性，接头强度不稳定，因此研究钛与铝电弧焊接就显得十分必要。近年来，一种熔钎焊（welding-brazing）[34,74] 技术被引入钛与铝异种材料的焊接研究中，并取得了一定的研究进展。熔钎焊技术理论和钛与铝异种材料的熔钎焊相关研究现状将在下一章进行详细介绍。

# 第2章

# 钛/铝熔钎焊技术

## 2.1 熔钎焊原理及特点

熔钎焊（welding-brazing）技术是近年来科学家在进行钢/铝、钛/铝等物理化学性能相差较大的异种材料焊接研究中提炼和发明的一种新型焊接技术。它的基本原理是利用异种材料熔点相差大的特点，在焊接过程中通过适当调节焊接热输入，使低熔点金属熔化，与填充金属充分熔合形成熔焊结合；而使高熔点金属始终保持在固态，通过与熔池液态金属之间固-液界面处的冶金反应，形成钎焊结合的焊接工艺[75]；即形成的焊接接头中既存在低熔点母材侧的熔合区，又存在高熔点母材侧的钎焊结合区。

以高熔点金属单侧开 V 形坡口的、填充固态焊丝的平板对接焊为例，熔钎焊基本过程可分为图 2-1 中所示步骤[76,77]。

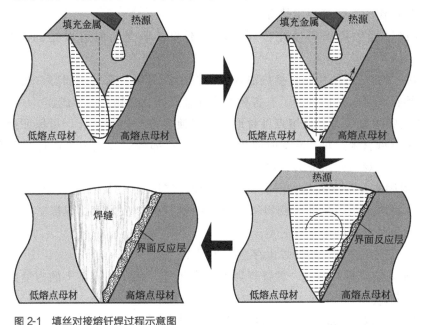

图 2-1　填丝对接熔钎焊过程示意图

① 在热源加热作用下，低熔点母材发生局部熔化并与熔化的填充金属混合；两侧母材受热，形成一定的热影响区。此外，热源对高熔点母材也起到一定的预热作用，影响其表面与液态混合金属的润湿，因此对焊接区应进行严格的保护。

② 填充金属不断加入，液态混合金属在电弧力、自身重力及表面张力等综合作用下，在高熔点母材表面流动铺展并对其进行润湿。

③ 在焊接热源和液态混合金属的共同加热作用下，高熔点金属侧固-液界面被加热至高温；在扩散或熔解驱动力作用下，发生一系列物理化学反应形成一定厚度的界面反应层。在此过程中，受熔池的强烈搅拌作用，扩散/熔解的组分可能被带入焊接熔池中部，在熔池中发生冶金反应形成析出物。

④ 在冷却凝固过程中，低熔点母材形成过渡良好的熔合区；在降温过程中，基于元素扩散机制的冶金反应会持续进行，因此钎焊界面反应层保持持续生长。最终，冷却至冶金反应温度以下时，界面反应层停止生长，形成完整的熔钎焊接头。

根据钢/铝、钛/铝、钢/镁等异种材料的连接研究进展，熔钎焊工艺一般具备以下特点[78,79]。

① 主要针对熔点相差较大、互溶度低、高温下剧烈发生冶金反应生成有害相的异种材料进行焊接。

② 可选多种焊接热源类型。激光焊、TIG 焊、MIG 焊、等离子弧焊、真空电子束焊等均可作为熔钎焊焊接热源。

③ 焊接过程中可采用填充金属，也可不用。填充金属可以是固态焊丝、焊条。

④ 熔钎焊通过严格控制焊接热输入，使高熔点材料一直处于固态，避免了两种材料的熔化混合，从而抑制了有害相如脆性金属间化合物等的形成。

⑤ 在熔钎焊接头中，低熔点母材形成了过渡良好的熔焊结合，可保证接头的强度。高熔点母材未过热，冷却时收缩变形量小；部分焊接应力可通过焊缝塑性变形进行疏散，焊后残余应力、焊接变形较小。

⑥ 针对固态互溶度较低的异种材料进行焊接时，在保证焊缝成形的前提下，只需高熔点材料不被熔化即可获得结合良好的熔钎焊接头，因此焊接工艺参数选择范围要比异种材料的熔化焊更宽。

同时，也应注意到，熔钎焊也存在一些弱点。

① 由于高熔点母材侧是一种钎焊界面结合机理，成形焊接接头的力学性能受到一定的限制。

② 焊接工艺要求在尽量避免高熔点母材熔化的同时，应尽量保证钎焊界面的结合强度；对于一定的焊接热源来讲，其可选择的焊接热输入（焊接参数）范围

较窄。

# 2.2 钛与铝熔钎焊现状

进行钛合金与铝合金的熔钎焊时，填充金属与低熔点铝合金充分熔合，保证了接头的强度；与高熔点钛合金形成钎焊连接，可以避免熔化的钛与铝直接混合反应而形成脆性 Ti-Al 金属间化合物。截至目前，针对钛与铝异种金属的熔钎焊研究主要采用激光焊方法，一部分科学家采用钨极氩弧焊、熔化极氩弧焊等方法进行了两种金属的熔钎焊尝试，并取得了一定的进展。

## 2.2.1 焊接方法

### (1) 激光焊连接

目前，对于采用激光焊进行钛与铝异种金属的熔钎焊，思路可分为两种：一是通过激光直接照射钛合金母材（不熔化），采用同步加压的方法使两种材料紧密贴合，通过热传导使低熔点铝合金母材熔化，与固态钛合金通过固-液界面结合形成钎焊结合；二是通过采用填充低熔点铝合金焊丝的方式，使铝母材与焊丝熔化混合形成熔焊结合，而液态焊丝与保持固态的钛合金通过固-液界面结合形成钎焊结合。

2005 年，德国不来梅激光应用技术研究所[80] 首次将熔钎焊技术引入 Ti/Al 异质合金的连接中，采用激光热源对钛合金侧加热，通过热传导使得界面处铝合金发生熔化并润湿钛母材，并通过形成一薄层 TiAl$_3$ 实现可靠对接。哈尔滨工业大学研究者采用 Al-Si 合金焊丝，对 Ti/Al 异质合金进行激光焊（laser beam welding，LBW），激光的加热作用与熔融填充金属使铝合金侧熔化并润湿钛合金形成熔钎焊连接，接头具有较高的力学性能[81,82]。目前，第二种思路在技术上和理论上获得了更多的关注。

为了提高 LBW 熔钎焊接头的性能，国内外研究者采用多种改进工艺进行了 Ti/Al 异质合金的连接试验。采用一种改进的铝包钛接头形式[83]，对 TC4 钛合金与 6056Al-T6 合金进行了双面 LBW 熔钎焊，试验设计如图 2-2 所示。钛合金与铝合金之间通过冶金反应形成了一层小于 2μm 的过渡层，实现了可靠的连接；异质接头具有较高的力学性能，并且该焊接工艺具有良好的可重复性。

采用 Al-Si 共晶合金作为填充材料，针对 TC4 钛合金与 5A06 铝合金进行 LBW 熔钎焊连接试验，对接头的显微组织和力学性能进行了测试分析，发现焊缝上部钛合金与铝基焊缝形成了较厚的锯齿状反应层；底部钛合金与铝基焊缝通过形成一薄层状过渡区实现连接；接头平均抗拉强度可达到铝母材的 85%[84]。

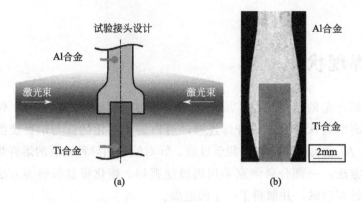

图 2-2 铝包钛接头设计与熔钎焊接头[84]

采用 LBW 对 3mm 厚的 TC4 钛合金与 6061 铝合金进行深熔钎焊试验，控制激光光束偏向于铝合金侧，获得了完整的 Ti/Al 接头；拉伸试验后发现接头底部存在少量微裂纹或未熔合，但通过控制焊接工艺可减少或避免缺陷的产生[85]。

填充 Al-Si12 焊丝时还采用矩形激光光斑针对 TC4 钛合金与 5A06 铝合金进行 LBW 熔钎焊连接试验，研究了焊接热输入对接头显微组织和力学性能的影响。当焊接热输入较低时，接头拉伸断裂于铝侧熔合区；当焊接热输入较高时，接头拉伸断裂于界面反应层中。调整焊接工艺获得了结合良好的 Ti/Al 异质接头，接头最高抗拉强度可达 290MPa[86]。

**(2) 氩弧焊连接**

与激光焊相比，钨极氩弧焊（GTAW）应用广泛，设备成本较小；钛合金和铝合金均可采用 GTAW 实现可靠的熔焊连接，对实现钛与铝的可靠氩弧熔钎焊具有现实意义。

2011 年，印度国防冶金试验室的研究者采用 Al-Si12 焊丝针对 TC4 钛合金与工业纯铝 1060Al 进行了 GTAW 熔钎焊连接试验：铝母材发生局部熔化，与熔融的焊丝金属混合形成熔焊连接；钛合金未发生熔化，通过与液态铝的界面反应形成钎焊结合[87]，接头抗拉强度达到甚至超过铝母材。国内研究者采用纯铝焊丝（SAl1100）针对 TC4 钛合金与 5A06Al 进行了 GTAW 小孔焊熔钎焊试验[88]；控制连接工艺获得了结合良好的 Ti/Al 接头，接头的抗拉强度可达 139MPa；不添加钎剂，采用 Al-Si12 焊丝针对 TC4 钛合金与 2024Al 合金进行了 GTAW 熔钎焊试验，Ti/Al 界面处生成了一层 2～5μm 的过渡层[89]；改进连接工艺获得的 Ti/Al 接头的抗拉强度可达 158MPa。

除 LBW 与 GTAW 外，国内外研究者采用光纤 LBW-冷金属过渡焊（CMT）复合焊[90] 及真空电子束焊（electron beam welding，EBW)[91] 针对 Ti/Al 异质合金进行了熔钎焊连接试验，均获得了组织性能良好的 Ti/Al 异质接头。

## 2.2.2  工艺改进

熔钎焊同时具有熔化焊和钎焊的性质，在进行异质合金连接时，熔焊一侧通过实现熔化混合可形成可靠的连接；而钎焊一侧通过发生界面反应形成连接。由于 LBW 和 GTAW 均为非均匀加热过程，容易在钎焊一侧造成组织的不均匀分布，易出现未焊透等缺陷[82]。因此，采用合适的方法对改善 Ti/Al 熔钎焊接头组织均匀性具有重要意义。

### (1) LBW 连接

采用矩形、椭圆形激光光斑形式针对 TC4 钛合金与 5A06 铝合金进行了激光熔钎焊特性研究[92]，发现采用矩形光斑进行 Ti/Al 异质合金连接时焊接适应性较好，且易于控制焊缝成形，接头的最高抗拉强度可达到铝合金母材的 80%。为了增加 Ti/Al 钎焊界面激光能量分布的均匀性，采用矩形光板针对开 V 形坡口的 TC4/5A06Al 接头进行 LBW 熔钎焊试验[93,94]，在较宽的焊接热输入范围内均获得了成形良好的接头。采用矩形激光光斑后，Ti/Al 界面处温度场的等温线与界面之间角度较小，显微组织的不均匀性得到了明显改善（图 2-3）；接头的最大抗拉强

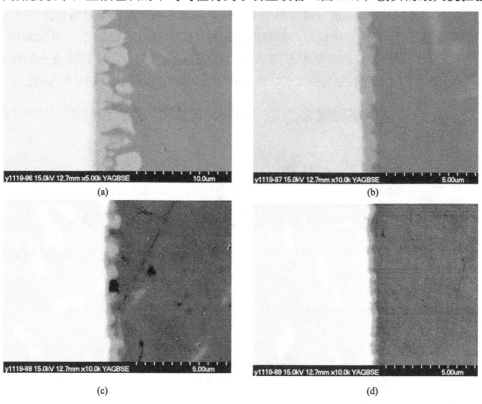

图 2-3  厚度方向 Ti/Al 界面显微组织分布[94]

度可达 278MPa，超过铝母材抗拉强度的 80%。在 TC4/5A06Al 异质合金矩形光斑 LBW 熔钎焊过程中，在待焊工件与送丝嘴之间加一热丝电源，对工件与焊丝进行电流辅助加热，焊丝、铝合金母材的熔化变得较容易，液态金属对固态钛合金的润湿能力得到改善，在一定程度上促进了 Ti/Al 界面反应[95]。

　　无论热源偏向于钛合金侧还是偏向铝合金侧，热源相对于接头中心的偏移量对焊接过程中 Ti/Al 界面处的温度分布都具有重要影响。控制激光束偏向钛合金侧使钛熔化，而通过热传导可使铝合金熔化并与液态钛反应形成结合[96]；研究了光束偏移量对 Ti/Al 异质接头组织性能的影响：发现接头上部分形成熔焊连接，接头下部分形成钎焊连接；当光束偏移量为 0.5mm 时获得的 Ti/Al 接头强度最高，约为 181MPa。而控制激光束偏向铝合金侧时[97]，激光偏移量对 Ti/Al 接头成形的影响如图 2-4 所示，接头抗拉强度随着激光束偏移量的增大呈现先增大后降低的趋势；光束偏移量为 1.0mm 时获得的 Ti/Al 接头强度最高，可达到 230MPa。

**(2) 氩弧焊连接**

　　填充焊丝的合金成分通过影响 Ti/Al 界面处的冶金反应而对结合强度产生影响。有研究证明，Si 元素可以在一定程度上抑制 Ti/Al 固-液界面处 Ti、Al 元素的相互扩散[98]，所以大部分研究集中采用 Al-Si 系合金焊丝进行 Ti/Al 异质合金的熔钎焊试验[81~87,92~95]；通过控制连接工艺，获得的 Ti/Al 接头均具有良好的组织性能。

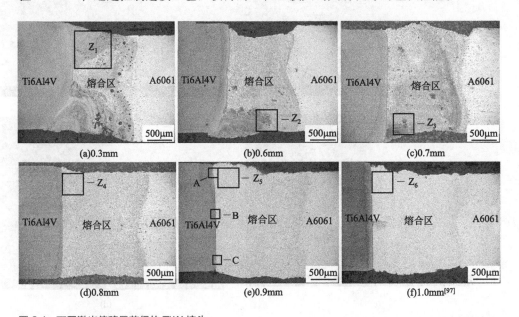

图 2-4　不同激光偏移量获得的 Ti/Al 接头

在 Ti/Al 异质合金的氩弧熔钎焊方面，研究者尝试采用 Al-Cu-La 系合金焊丝针对 TC4/5A06Al 异质合金进行了小孔 GTAW 熔钎焊试验[88,99]；发现与采用纯铝焊丝相比，稀土元素 La 的加入使 Ti/Al 界面处形成了 TiAl₃＋Ti₂Al₂₀La 双化合物层，降低了界面组织的脆性；Ti/Al 接头的抗拉强度可达 270 MPa。采用 Al-Cu-Zr 合金焊丝进行 Ti-6Al-4V/5A06Al 异质合金 GTAW 熔钎焊[100]，发现 Zr 的加入增大了熔融焊丝金属的流动性和铺展能力，增大了焊接参数选择的范围；接头抗拉强度可达 284MPa。

## 2.2.3　焊接接头的结合机理

在钛与铝异质合金熔钎焊过程中，铝侧通过母材的局部熔化与熔融焊丝金属发生混合反应，形成熔合区；而钛侧通过 Ti/Al 固-液界面发生复杂的冶金反应形成界面结合。焊丝合金成分与焊接参数的选择对熔钎焊接头的连接机制具有重要影响。

### (1) LBW 连接

在不填焊丝的 Ti/Al 异质合金 LBW 熔钎焊过程中，无论激光热源偏向钛侧还是铝侧，采用较低的热输入直接对 Ti/Al 进行激光焊连接时[80,97]，Ti/Al 界面处都通过 Ti、Al 元素的相互扩散反应，形成一层齿状的 TiAl₃ 金属间化合物从而形成钎焊结合。

采用 Al-Si 系列合金焊丝进行 Ti/Al 异质合金熔钎焊连接时，采用较低的焊接热输入，Ti/Al 固-液界面通过发生元素间的相互扩散反应而形成钎焊连接。针对界面的物相组成和元素分布进行研究[101]，发现 Ti、Al、Si 三种元素均发生了明显的扩散行为；界面处形成了 Ti₇Al₅Si₁₂、Ti（Al，Si）₃ 两层不同的金属间化合物，钛与铝正是通过形成化合物层实现了冶金钎焊连接。采用较高的焊接热输入[102]，钛合金表面发生了微量熔化，液态钛与熔融的铝基合金焊丝混合发生冶金反应，由钛合金侧至焊缝金属形成了 Ti₃Al＋Ti₅Si₃、TiAl＋Ti₅Si₃、Ti（Al，Si）₃ 三种不同的金属间化合物层。

由于 Ti/Al 异质合金是通过在界面处形成金属间化合物层形成了结合，因此分析这些金属间化合物的形成机制具有重要意义。哈尔滨工业大学研究者对界面处金属间化合物层的形成过程进行了分析[102,103]，认为通过 Si 元素的加入，影响了界面处扩散元素 Ti、Al 之间的冶金反应。在热输入较小的钎焊机制下，界面处由钛侧至铝侧发生以下反应形成金属件化合物层，如图 2-5(a) 所示。

$$\frac{7}{24}\mathrm{Ti}+\frac{12}{24}\mathrm{Si}+\frac{5}{24}\mathrm{Al}\longrightarrow\frac{1}{24}\mathrm{Ti_7Al_5Si_{12}} \tag{2-1}$$

$$\frac{1}{4}\mathrm{Ti}+\frac{3}{4}\mathrm{Al}\longrightarrow\frac{1}{4}\mathrm{TiAl_3} \tag{2-2}$$

而在较大的热输入条件下，钛发生了微熔，界面处由钛侧至铝侧依次发生以下冶金反应形成三层不同的金属间化合物，如图 2-5(b) 所示。

$$\frac{1}{2}\mathrm{Ti}+\frac{1}{2}\mathrm{Al} \longrightarrow \frac{1}{2}\mathrm{TiAl} \tag{2-3}$$

$$\frac{3}{4}\mathrm{Ti}+\frac{1}{4}\mathrm{Al} \longrightarrow \frac{1}{4}\mathrm{Ti_3Al} \tag{2-4}$$

$$\frac{5}{8}\mathrm{Ti}+\frac{3}{8}\mathrm{Si} \longrightarrow \frac{1}{8}\mathrm{Ti_5Si_3} \tag{2-5}$$

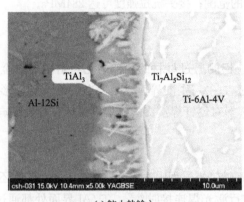

(a) 较小热输入  (b) 较大热输入

图 2-5　不同焊接热输入 Ti/Al 接头结合机制[102]

## (2) 氩弧焊连接

印度国防冶金试验室的研究者[87] 采用 SAl4047（AlSi12）焊丝针对 TC4 钛合金与 1060Al 进行 GTAW 熔钎焊，发现钛与铝异质合金通过在 Ti/Al 界面处形成一层 Ti（Al，Si）$_3$ 金属间化合物实现连接。而哈尔滨工业大学研究者[89] 用 SAl4047 焊丝针对 TC4/5A06Al 异质合金进行 GTAW 熔钎焊时，发现在 Ti/Al 界面处形成了一层包含针状的 Ti$_7$Al$_5$Si$_{12}$ 和棒状的 Ti（Al，Si）$_3$ 两种金属间化合物的反应层实现连接。

采用 Al-Cu 系列合金焊丝针对 TC4/5A06Al 异质合金进行 GTAW 连接，通过分别添加 La[88]、Zr[100] 元素，研究接头的结合机制。与采用纯铝焊丝相比，Cu、La 元素的添加，在 Ti/Al 界面处除了形成一薄层 TiAl$_3$ 外，还存在一层块状的 Ti$_2$Al$_{20}$La 金属间化合物，其 Ti/Al 界面的显微组织如图 2-6(a) 所示。而通过添加 Cu、Zr 元素，在 Ti/Al 界面处由钛合金侧至焊缝侧依次形成了 TiAl$_3$、L-（Ti，Zr）Al$_3$〔含 Zr（原子分数）7.03%〕和 H-（Ti，Zr）Al$_3$〔含 Zr（原子分数）11.35%〕三层金属间化合物实现连接，其 Ti/Al 界面的显微组织如图 2-6(b) 所示。

针对 Ti/Al 异质合金的氩弧焊熔钎焊连接研究较少，对接头界面结合机制的研究局限于界面的相组成及分布。截至目前，公开发表的针对 Ti/Al 氩弧焊接头界面金属间化合物形成过程进行讨论分析的论文或报告较少。

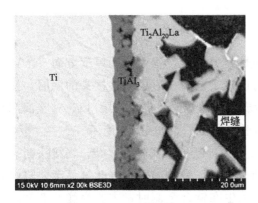

(a) Al-Cu-La焊丝[88]

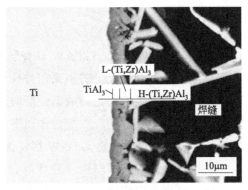

(b) Al-Cu-Zr焊丝[100]

图 2-6 不同 Al-Cu 焊丝获得的 Ti/Al 界面显微组织

## 2.2.4 焊接缺陷及断裂行为

钛合金与铝合金高温吸气性大，如果熔钎焊过程保护不当，熔池凝固过程中气体来不及逸出会在焊缝金属中形成气孔；在焊接过程中，铝合金中低熔点元素（如 Mg）的挥发也易导致气孔的产生[104]。钛与铝的线胀系数和热导率差异大，焊后接头存在较大的残余应力，易引起 Ti-Al 脆性金属间化合物的开裂，导致裂纹。气孔可以通过调整连接工艺参数及选择合适的保护措施来避免和消除；但由于 Ti-Al 金属间化合物的存在，焊接裂纹的消除存在较大难度。故研究焊接裂纹的形成机制与扩展路径对于指导连接工艺，实现 Ti/Al 异质合金的可靠连接具有重要意义。

### (1) LBW 连接

采用较大的焊接热输入对 Ti/Al 异质合金进行 LBW 连接时[38]，发现接头中存在两种形式的裂纹：一种是铝合金熔化区中的结晶裂纹；另一种是 Ti/Al 熔合区中的穿晶裂纹。通过焊前预热处理工艺可以消除铝侧熔化区结晶裂纹，但 Ti/Al 熔合区中的穿晶裂纹无法通过预热消除。

哈尔滨工业大学研究者[105] 采用 SAl4047 焊丝对 TC4 钛合金与 5A06 铝合金进行 LBW 熔钎焊试验，研究了 Ti/Al 界面反应层形态对拉伸过程中裂纹启裂与扩展的影响：发现焊接热输入较小时，界面反应不充分，界面金属间化合物层厚度小，接头结合不良；焊接热输入过大时，界面反应过度，形成的金属间化合物层厚度大，金属间化合物层中出现了大量显微裂纹；焊接热输入控制在合适范围时，沿接头厚度方向界面反应层形态存在差异，当薄层状、棒状、锯齿状界面反应层共存时，可有效阻碍裂纹的扩展。

**(2) 氩弧焊连接**

与 LBW 相比，GTAW 具有经济性，但焊接过程中接头厚度方向 Ti/Al 界面温度分布差异较大。若不采用特殊的连接工艺，在形成完整接头的同时，接头上部钛合金发生熔化，与液态铝反应形成较厚的金属间化合物层；Ti-Al 金属间化合物具有其本征脆性，在应力作用下易形成裂纹[89]，如图 2-7 所示。

Ti/Al 异质合金 GTAW 熔钎焊接头拉伸断裂方式较为复杂，当接头断裂发生在铝合金侧时，呈塑性＋脆性混合断裂方式。裂纹启裂于气孔等显微缺陷中并沿接头厚度方向快速扩展。当接头断裂发生在钛合金侧时，主要为脆性断裂。采用纯铝焊丝时，裂纹启裂于坡口拐角处，主要沿着 TiAl₃ 与铝基焊缝之间的界面扩展；采用 Al-Cu-La 焊丝时，裂纹启裂于界面微裂纹中，主要沿着 TiAl₃ 与 Ti₃Al 反应层之间的界面扩展[99,106]。

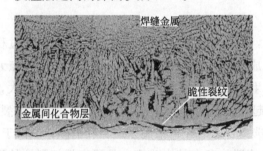

图 2-7　Ti-Al 金属间化合物层裂纹[89]

针对 Ti/Al 熔钎焊缺陷的研究较少且局限于拉伸过程中裂纹的萌生与扩展行为。目前，针对熔钎焊工艺过程中焊接缺陷（裂纹）形成机制和在残余应力诱导下的扩展行为的研究报告相对较少。

结合本章钛/铝熔钎焊研究现状综述，截至目前，国内外针对钛与铝异种金属熔钎焊的研究主要采用激光焊方法，钛与铝的氩弧（TIG 和 MIG）熔钎焊研究相对薄弱；Ti/Al 氩弧熔钎焊接头界面结合机制、金属间化合物层的形成过程尚未获得足够的讨论和解释；对钛与铝氩弧熔钎焊焊接裂纹的形成机制和扩展行为的研究尚不够深入。针对这一现状，有必要开展钛与铝的钨极氩弧熔钎焊、熔化极氩弧熔钎焊研究，以填补和丰富钛与铝氩弧熔钎焊的相关理论知识。本书作者采用钨极氩弧焊和熔化极氩弧焊开展了对钛与铝的熔钎焊研究，探索隐藏在焊接工艺背后的基础理论。

## 2.3 钛/铝氩弧焊研究设计

采用脉冲电流的氩弧焊技术的主要意义在于：①可实现对焊接热输入的精确控制，易于实现数字化自动控制；②可通过调整基值、峰值电流的大小，在较小的焊接热输入下获得较大的熔深，提高焊缝的深宽比；③峰值电流时间内熔池被迅速加热至高温，提高了液态金属的流动性，促进焊缝成分均匀化；基值电流时间内熔池冷却速率大，快速凝固结晶，适用于连接导热性能差异较大的异质合金；④熔池冷凝快、高温停留时间短，可降低热敏材料（钛合金等）产生裂纹的倾向。因此，本书主要采用脉冲电流形式的钨极氩弧焊、熔化极氩弧焊技术。

TA15（Ti-6.5Al-2Zr-Mo-1.5V）钛合金是高 Al 当量的近 α 钛合金，既具有良好的焊接性和加工性能，又具有较高的热强性，主要应用于航空发动机的叶片、机匣及飞机各种梁、大型壁板或焊接承力框[2]。2024 铝合金（2024Al）是一种热处理强化的高强度硬铝合金，在航空航天结构中常用于飞机机身、机翼蒙皮等结构[16]。5A06 铝合金（5A06Al）是一种中高强度的非热处理强化防锈铝合金，耐大气、海洋腐蚀性，焊接性良好，主要用于船舶焊接构件[18]。

俄制 RuTi（Ti-2Al-1.5Mn）钛合金是一种低合金化的近 α 钛合金，具有良好的焊接性和热稳定性，在航空航天工业中，主要用于制造形状复杂、强度要求不高的焊接部件，如机身蒙皮、机尾整流罩和外侧壁板等；在汽车工业中也已经应用于汽车消声器、车架和吊挂件等部件[2]。工业纯铝（1060Al）表面在空气中能够形成一层致密的氧化膜，阻止其进一步氧化腐蚀，具有良好的耐腐蚀性，常用于民用船舶及化工设备的非承力、耐腐蚀结构[40]。

TC4（Ti-6Al-4V）钛是美国于 1954 年研制的 α+β 型钛合金，具有优异的综合性能和良好的机械加工性能，在航空航天工业主要用于航空发动机部件及航天火箭壳体、压力容器等部件；在汽车工业中可用于高档汽车车架、曲轴、连杆等主要承力部件。5A05 铝合金（5A05Al）属于中等强度的非热处理强化防锈铝合金，耐腐蚀性、焊接性良好，常用于管道、油箱和其他液体容器的制造[18]。

针对 Ti/Al 异质合金熔焊过程中易生成脆性金属间化合物的特点，本书拟采用改进的填丝钨极氩弧焊（GTAW）对 TA15/2024Al、TA15/5A06Al 异质合金进行连接；采用脉冲熔化极氩弧焊（P-GMAW）对 RuTi/1060Al、TC4/5A05Al 异质合金进行连接。此外，还研究连接工艺（焊丝合金成分、焊接热输入等）对接头组织特征的影响；通过分析接头元素分布与物相结构，研究 Ti/Al 异质合金的结合机制，揭示连接工艺-显微组织-结合机制之间的内在联系；对接头中焊接裂纹的形成机制与扩展行为进行分析，揭示连接工艺-显微组织-连接缺陷之间的联系。上述研究内容的实施和完成对推进 Ti/Al 复合结构在航空航天、舰船及汽车工业中的应用具有一定的理论意义和实用价值。

### 2.3.1　组织性能分析思路

Ti/Al 接头组织结构及力学性能分析思路设计如图 2-8 所示。首先，采用填丝钨极氩弧焊（GTAW）、脉冲熔化极氩弧焊（P-GMAW）针对 Ti/Al 异质合金进行焊接工艺试验探索，分析焊丝合金成分、焊接热输入等主要工艺参数对 Ti/Al 异质接头宏观成形的影响；对获得的 Ti/Al 接头显微组织进行观察，分析焊丝成分及焊接热输入等对接头显微组织特性的影响；对接头 Ti/Al 过渡区相组成及结构进行测定，结合显微组织分析，推测 Ti/Al 异质合金氩弧焊连接的结合机制；对 Ti/Al 异质接头中焊接裂纹的形态及分布进行观察，结合应力分析，分析裂纹的萌生及扩展机制。此外，还对 Ti/Al 接头进行拉伸力学性能测试，评价 Ti/Al 接头的力学性能；对其拉伸断口形貌进行观察，分析接头的断裂行为。

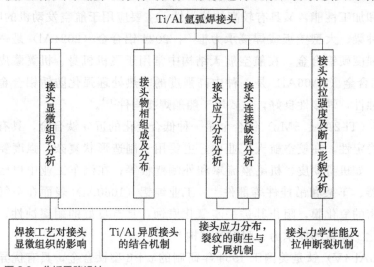

图 2-8　分析思路设计

### 2.3.2　研究方法

#### (1) Ti/Al 氩弧焊接头显微组织 OM、SEM 分析

在焊后垂直于焊接方向截取金相样品，如图 2-9 虚线范围所示。用 SiC 金相砂纸对样品进行打磨。采用 $Cr_2O_3$ 悬浊液对钛合金进行机械抛光后（约 10min），采用粒度为 $1\mu m$ 的金刚石喷雾抛光剂对铝合金进行机械抛光（约 1min）。采用混合酸溶液（体积比 HF：$HNO_3$：$H_2O$＝1：1：5）对接头进行金相显蚀，腐蚀时间控制在 5～10s 范围。

采用重庆重光（COIC）XJP-6A 型光学金相显微镜（OM）、美国 FEI 产 QUANTA 200 型扫描电子显微镜（SEM）、日本 HITACHI SU-70 型场发射电子显微镜（FE-SEM）对接头铝侧焊接热影响区、钛侧焊接热影响区、铝侧熔合区、焊缝及 Ti/Al 过渡区显微组织进行分析，研究不同焊丝、不同焊接热输入对 Ti/Al 接头显微组织的影响。采用上述 OM、SEM 对接头厚度方向 Ti/Al 过渡区显微组织进行观察，分析不同位置过渡区显微组织差异。采用 DHV-1000 型数显显微硬度计对金相试样显微硬度分布进行测试，施加载荷 0.05kg，加载与卸载时间均设定为 10s；钛侧压痕之间距离 50$\mu$m，铝侧压痕之间距离 100$\mu$m。

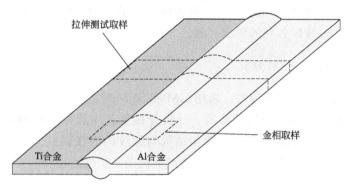

图 2-9　金相及拉伸测试取样

## （2）Ti/Al 过渡区相结构 XRD 分析

采用 D/MAX-RC 型液态 X 射线衍射仪（XRD）对 Ti/Al 过渡区相组成进行分析。X 射线衍射分析采用 Cu-K$_\alpha$ 靶，工作电压为 60kV，工作电流为 40mA，扫描速率为 12(°)/min。试验起始采用直接对金相试样横截面 Ti/Al 过渡区附近区域进行扫描的方式，发现钛、铝母材衍射峰强度太高，影响过渡区其他相的判定。

为了提高测试的精确性，采用两种改进的方法：一是采用机械方法将 Ti/Al 接头由 Ti/Al 过渡区附近断开，分别对钛侧、铝侧原始断面进行 XRD 衍射分析；二是采用图 2-10 所示方法，采用砂纸将试样磨制成一个由焊缝金属缓慢过渡至钛合金的倾斜面，增大 XRD 衍射分析时过渡区的测试面积，提高测试精度。

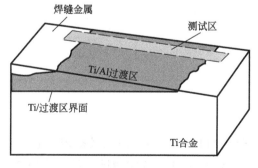

图 2-10　XRD 分析试样制备

### (3) Ti/Al 过渡区元素分布 EDS 分析

采用日本 HORIBA EX-250 型能量分散谱仪（EDS）对焊缝金属中的析出相进行元素分析，根据化学成分推测析出相的相组成；对 Ti/Al 过渡区各反应层进行元素分析，结合 XRD 分析，确定各相在过渡区的分布情况。对横跨 Ti/Al 过渡区进行 EDS 线扫描分析，获得各化学元素在过渡区附近的分布，结合热力学、动力学分析，推测 Ti/Al 过渡区各相的形成机制。

### (4) Ti/Al 接头焊接裂纹 OM、SEM 分析

针对不同焊接工艺获得的焊接接头，采用 OM 和 SEM 对接头中连接缺陷（主要是焊接裂纹）的形态及分布进行拍摄观察，分析焊接工艺对裂纹的影响；根据裂纹产生的位置及附近显微组织特征，分析相结构与裂纹的内在联系。结合显微组织与残余应力分析，研究接头不同位置裂纹的产生机制及扩展路径。

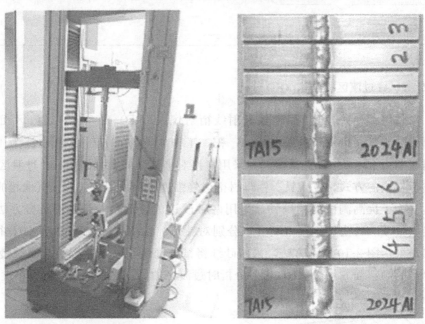

(a) 拉伸设备  (b) 拉伸试样

图 2-11 拉伸试验设备及试样

### (5) Ti/Al 接头力学性能与断口 SEM 分析

采用美国美特斯工业系统（MTS）CMT 4104 型龙门式微机控制电子万能试验机对填丝 GTAW 连接的 TA15/2024Al 接头进行拉伸测试，设备功率 0.4kW，最大拉力 10kN，如图 2-11 所示。采用电火花切割机将试样按图 2-9 虚线所示切取

拉伸试样，拉伸试样宽度为 14.8mm±0.1mm，长度为 110mm±0.2mm，每种接头切取 3 个样品进行测试；试验设定拉伸速率为 5mm/min。采用美 INSTRON-5569 型电子万能力学试验机对 P-GMAW 连接的 TC4/5A05Al 接头进行拉伸测试，拉伸试样宽度为 10mm±0.2mm，长度为 20mm±0.5mm，每种接头切取 3 个样品进行测试；试验设定拉伸速率为 6mm/min。

拉伸测试后，记录下每个接头对应的最大拉力 $P_{max}$，则接头的抗拉强度 $\sigma_b$ 计算公式为

$$\sigma_b = \frac{P_{max}}{S} \tag{2-6}$$

式中，$\sigma_b$ 为接头抗拉强度；$P_{max}$ 为拉伸测试的最大拉力；$S$ 为接头断裂位置的横截面积。采用 OM、SEM 针对接头断口形态及显微组织进行观察；结合 EDS 元素分析，分析引起接头破坏的裂纹源及断裂路径，研究接头断裂行为。

# 第3章
# 钛/铝钨极氩弧焊

本章内容包括采用 SAl1100、SAl4043、SAl4047 及 SAl5356 四种焊丝对 TA15 钛合金与 2024Al、5A06Al 合金进行 GTAW 连接工艺试验，研究开坡口和焊丝成分对 Ti/Al 接头成形的影响；通过细致分析接头钛、铝母材焊接热影响区（HAZ）、铝侧熔合区、焊缝组织（包括析出相特性）、钛侧 Ti/Al 过渡区显微组织，研究焊丝成分对接头显微组织特性的影响；从四种焊丝获得的接头中选择成形、显微组织特性较好的一组，进行接头厚度方向 Ti/Al 过渡区组织的特性分析，研究接头厚度方向过渡区组织分布特点；最终采用双面焊方法获得成形完整的 Ti/Al 接头并进行拉伸力学性能测试，评估 Ti/Al 钨极氩弧焊接头的可靠性。

## 3.1 焊接工艺及参数

### 3.1.1 焊材选用

**(1) 母材选用**

试验采用轧制后退火处理的 TA15（Ti-6.5Al-2Zr-Mo-1.5V）钛合金和经固溶＋自然时效处理的 2024Al-T4 合金、退火态的 5A06Al 合金进行填丝钨极氩弧焊（GTAW）连接。

TA15 试板尺寸为 50mm×200mm×2.5mm，它是一种高 Al 当量的近 α 型钛合金，名义化学成分与主要热物理、力学性能如表 3-1 所示，其 Al 当量为 6.58%，Mo 当量为 2.46%。TA15 钛合金显微组织如图 3-1 所示，由亮色不规则形状的 α 相及深色条状的 β 相组成；组织具有明显的轧制痕迹。钛合金既具有良好的工艺加工性和焊接性，又具有较高的热强性；可在高温下（500℃）进行长时间工作，主要用于制造高温下长时间工作的结构件和焊接承力件；已应用于发动机的叶片、机匣及飞机中各种梁、大型壁板或焊接承力框[2]。

2024Al 名义化学成分与主要热物理、力学性能如表 3-2 所示，是一种热处理强化的高强度硬铝合金，在航空航天结构中常用于飞机的机身、机翼蒙皮与连接件等[107]。为了提高合金的耐腐蚀性，在 2024Al 板材的表面常包有一层工业纯铝，如图 3-2（a）所示。2024Al 合金显微组织如图 3-2（b）所示，基体由等轴的 α-Al 晶粒组成，在 α-Al 晶粒内部均匀地弥散分布细小的颗粒状增强相。其强化机制主要是通过 S（CuMgAl$_2$）相和 θ（CuAl$_2$）相弥散强化。另外，合金中含有 0.4%（质量分数）的 Si，会生成少量的 Mg$_2$Si 强化相。5A06Al 合金名义化学成分与主要热物理、力学性能如表 3-3 所示[107]，是一种中高强度的非热处理强化防锈铝合金；其耐大气、海洋腐蚀性较高，焊接性良好，主要应用于船舶结构的焊接结构件。5A06Al 合金母材显微组织如图 3-3 所示，基体由等轴的 α-Al 晶粒组成，在 α-Al 内均匀地弥散分布细小的颗粒状 β（Mg$_2$Al$_3$ 或 Mg$_5$Al$_8$）增强相。同样的，由于合金中含有少量 Si，故合金中还存在少量 Mg$_2$Si 相。

**表 3-1　TA15 钛合金名义化学成分、热物理及力学性能[2]**

| 名义化学成分（质量分数）/% | | | | | | |
|---|---|---|---|---|---|---|
| Ti | Al | Zr | Mo | V | Si | 其他 |
| 余量 | 5.50～7.10 | 1.50～2.5 | 0.50～2.00 | 0.80～2.50 | ≤0.15 | ≤0.30 |
| 主要热物理性能及力学性能 | | | | | | |
| 密度 $\rho/(g/cm^3)$ | 弹性模量 $E/GPa$ | 线胀系数 $\alpha/10^{-6}K^{-1}$ | 热导率 $k/[W/(m \cdot K)]$ | 泊松比 $\nu$ | 抗拉强度 $\sigma_m/MPa$ | 屈服强度 $\sigma_{0.2}/MPa$ |
| 4.45 | 118.00 | 7.35 | 7.50 | 0.39 | 930.00～1130.00 | 855.00 |

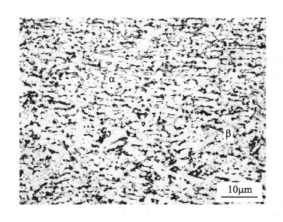

图 3-1　TA15 钛合金显微组织

表 3-2　2024Al 合金名义化学成分、热物理及力学性能[107]

| 名义化学成分(质量分数)/% | | | | | | | | | |
|---|---|---|---|---|---|---|---|---|---|
| Al | Si | Fe | Cu | Mn | Mg | Cr | Zn | Ti | 其他 |
| 余量 | 0.50 | 0.50 | 3.80~4.90 | 0.30~0.90 | 1.20~1.80 | 0.10 | 0.25 | 0.15 | 0.15 |
| 主要热物理性能及力学性能 | | | | | | | | | |
| 密度 $\rho/(g/cm^3)$ | 弹性模量 $E/GPa$ | 线胀系数 $\alpha/10^{-6}K^{-1}$ | 热导率 $k/[W/(m \cdot K)]$ | 泊松比 $\nu$ | | 抗拉强度 $\sigma_m/MPa$ | | 屈服强度 $\sigma_{0.2}/MPa$ | |
| 2.78 | 72.4 | 22.90 | 151.00 | 0.31 | | 470.00 | | 325.00 | |

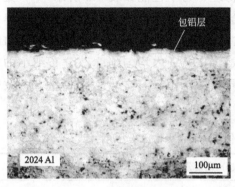

(a) 包铝层

(b) 显微组织

图 3-2　2024Al 合金母材显微组织

表 3-3　5A06Al 合金名义化学成分、热物理及力学性能[107]

| 名义化学成分(质量分数)/% | | | | | | | | |
|---|---|---|---|---|---|---|---|---|
| Al | Si | Fe | Cu | Mn | Mg | Zn | Ti | 其他 |
| 余量 | 0.40 | 0.40 | 0.10 | 0.50~0.80 | 5.80~6.80 | 0.20 | 0.05~0.15 | 0.10 |
| 主要热物理性能及力学性能 | | | | | | | | |
| 密度 $\rho/(g/cm^3)$ | 弹性模量 $E/GPa$ | 线胀系数 $\alpha/10^{-6}K^{-1}$ | 热导率 $k/[W/(m \cdot K)]$ | 泊松比 $\nu$ | 抗拉强度 $\sigma_m/MPa$ | | 屈服强度 $\sigma_{0.2}/MPa$ | |
| 2.64 | 68 | 24.10 | 118.00 | 0.32 | 325.00 | | 160.00 | |

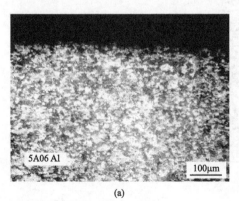

(a)

(b)

图 3-3　5A06Al 合金母材显微组织

**(2) 合金焊丝及保护气体**

为分析焊丝合金成分对 Ti/Al 异质接头显微组织的影响，试验采用直径为 $\phi 2.0mm$ 的 SAl1100（Al）、SAl4043（Al-Si5）、SAl4047（Al-Si12）、SAl5356（Al-Mg5）四种焊丝针对 TA15/2024Al、TA15/5A06Al 进行 GTAW 连接。四种焊丝的规格及名义化学成分如表 3-4 所示[42]。

**表 3-4　焊丝的名义化学成分[42]**

| 焊丝型号 | 化学成分(质量分数)/% | | | | | | | | | |
|---|---|---|---|---|---|---|---|---|---|---|
| | Al | Si | Fe | Cu | Mn | Mg | Cr | Zn | Ti | 其他 |
| SAl1100 | ≥99.00 | ≤0.90 | 0.05～0.20 | | 0.05 | | | 0.10 | | 0.10 |
| SAl4043 | 余量 | 4.50～6.00 | 0.80 | 0.30 | 0.05 | 0.05 | | 0.10 | 0.20 | 0.15 |
| SAl4047 | 余量 | 11.00～13.00 | 0.80 | 0.30 | 0.15 | 0.10 | | 0.20 | | 0.15 |
| SAl5356 | 余量 | 0.25 | 0.40 | 0.10 | 0.50～0.20 | 4.50～5.50 | 0.05～0.20 | 0.10 | 0.06～0.20 | 0.15 |

鉴于钛合金与铝合金在高温下极易与氧作用发生氧化，与氮、氢等作用产生脆化或氢气孔等，为避免钛、铝合金与空气作用，TA15 钛合金与 2024Al、5A06Al 合金的填丝 GTAW 可在充满工业纯氩（Ar，99.9%）的装置中进行。

## 3.1.2　焊接工艺设计

钛合金与铝合金均为活性轻金属，在焊接过程中易与环境中的杂质或气体作用，影响焊接工艺的稳定性，可采用弱碱溶液清洗 TA15、2024Al、5A06Al 试板表面的油污；采用金相砂纸打磨试板表面的氧化膜，最后采用无水乙醇清洗并风干待焊。采用广州超胜焊接设备有限公司产 WSE-250P 型方波交直流氩弧焊机在室温条件下进行 TA15/2024Al、TA15/5A06Al 异质合金填丝 GTAW 连接试验，见图 3-4。

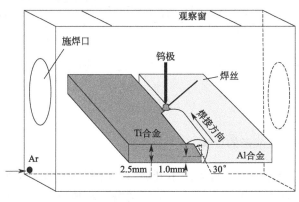

图 3-4　填丝 GTAW 连接工艺示意图

试验采用电弧和熔滴直接加热钛合金，通过电弧与熔滴的加热作用使铝合金发生局部熔化，而钛侧通过发生固-液界面反应而形成连接工艺。钨极尖端略向钛合金侧偏移。为增加液态金属在钛合金表面的流动铺展能力，采用在钛合金单侧开 30°坡口的平板对接工艺，坡口尺寸见图 3-4[108]。为避免钛合金的大量熔化，同时避免铝合金中合金元素的过度烧损，试验设定起弧电流 60A，收弧电流 40A；电弧电压 11～12V；焊接电流 100～110A。焊前不预热，焊后空冷；采用手动送进焊丝，填丝 GTAW 焊接参数见表 3-5。

元素 Si 能够抑制 Ti/Al 异质合金激光熔钎焊中 Ti-Al 金属间化合物的生长[98]，试验采用 SAl4043、SAl4047 两种 Al-Si 焊丝对 TA15/2024Al 异质合金进行 GTAW 连接试验，用于评价 Ti/Al 氩弧焊接头的拉伸力学性能。具体连接工艺为：首先进行单面施焊，焊后待试板冷却至室温；打磨清理焊缝背面的氧化膜，再进行背面施焊。拉伸试样填丝 GTAW 工艺参数见表 3-6。

表 3-5  填丝 GTAW 焊接参数

| 焊接材料 | 焊丝类型 | 焊接电流 $I$/A | 电弧电压 $U$/V | 焊接速率 $v$/(m/min) | 焊接热输入 $E$/(kJ/cm) |
| --- | --- | --- | --- | --- | --- |
| Ti+2024Al | SAl1100 | 100～110 | 11～12 | 0.15 | 6.6～7.2 |
| | SAl4043 | 100～110 | 11～12 | 0.17 | 4.08～4.45 |
| | SAl4047 | 100～110 | 11～12 | 0.155 | 4.46～4.86 |
| | SAl5356 | 100～110 | 11～12 | 0.164 | 4.23～4.62 |
| Ti+5A06Al | SAl1100 | 100～110 | 11～12 | 0.13 | 5.35～5.83 |
| | SAl4043 | 100～110 | 11～12 | 0.09 | 7.45～8.13 |
| | SAl4047 | 100～110 | 11～12 | 0.12 | 5.86～6.4 |
| | SAl5356 | 100～110 | 11～12 | 0.145 | 4.79～5.23 |

表 3-6  拉伸试样填丝 GTAW 工艺参数

| 焊接材料 | 焊丝类型 | 位置 | 焊接电流 $I$/A | 电弧电压 $U$/V | 焊接速率 $v$/(m/min) | 焊接热输入 $E$/(kJ/cm) |
| --- | --- | --- | --- | --- | --- | --- |
| Ti+2024Al | SAl4043 | 正面 | 100～110 | 11～12 | 0.105 | 6.6～7.2 |
| | | 反面 | 100～110 | 11～12 | 0.11 | 6.24～6.81 |
| | SAl4047 | 正面 | 100～110 | 11～12 | 0.125 | 5.55～6.06 |
| | | 反面 | 100～110 | 11～12 | 0.10 | 7.04～7.68 |

## 3.1.3  焊接接头成形

### (1) 坡口对 Ti/Al 填丝 GTAW 接头成形的影响

填充 SAl4043（Al-Si5）合金焊丝，可采用不开坡口/钛侧开 30°坡口的两种连接工艺针对 TA15/2024Al 异质合金进行 GTAW 连接试验，在焊接热输入相近的情况下获得接头成形如图 3-5 所示。钛侧不开坡口时，2024Al 合金侧形成完整的熔合区；钛合金上表面形成明显的界面结合，接头中、下部分存在未焊透缺陷，如图3-5(a)所示。钛侧开30°坡口时，铝侧形成了完整的熔合区；钛合金侧由上表面至接头根部均形成了完整的界面结合，未出现未焊透缺陷，如图3-5(b)所示。

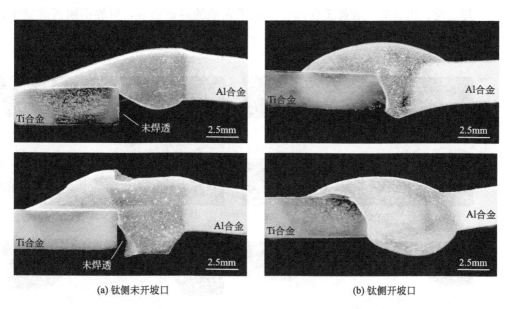

(a) 钛侧未开坡口　　　　　　　　　　(b) 钛侧开坡口

图3-5　TA15/2024Al接头宏观成形（SAl4043焊丝）

在填丝GTAW过程中，受电弧以及熔融焊丝的共同加热作用，铝母材发生局部熔化并与液态焊丝金属混合形成熔池。熔池金属在自身重力、电弧吹力及表面张力等的共同作用下，在钛合金表面迅速润湿铺展。钛侧不开坡口时，液态金属受到的主要作用来自其自身重力及电弧吹力，使液态金属在钛合金上表面迅速铺展，与钛发生反应形成界面结合。由于GTAW焊后空冷，而且铝合金具有较高的热导率，可将熔池热量迅速传导至较远处，熔池的冷却速率增大；在液态金属向接头下部流动过程中，与钛合金之间的润湿主要受表面张力的作用，而表面张力使液态金属保持其椭球状，妨碍两者的润湿，导致未焊透缺陷。钛侧开坡口时，坡口表面液态金属受电弧吹力及其自身重力作用，得以在钛合金表面快速铺展形成完整的Ti/Al接头。

**（2）焊丝成分对Ti/Al填丝GTAW接头成形的影响**

采用相近的焊接热输入（$E = 4.5\text{kJ/cm} \pm 0.3\text{kJ/cm}$），填充SAl1100（Al）、SAl4043（Al-Si5）、SAl4047（Al-Si12）、SAl5356（Al-Mg5）四种合金焊丝，针对TA15/2024Al进行GTAW连接，接头成形如图3-6所示。采用SAl1100焊丝

时，接头上表面至接头中部形成了完整的 Ti/Al 界面结合，但接头根部未焊透；接头中下部近钛侧焊缝中存在基本平行于界面的裂纹，如图 3-6(a) 所示。采用 SAl4043、SAl4047 焊丝时，钛与铝由接头上表面至根部均形成良好的界面结合；接头中未发现明显的气孔、裂纹等缺陷，如图 3-6(b)、(c) 所示。采用 SAl5356 焊丝时，由接头上表面至根部也形成了完整的界面结合，但界面附近焊缝中出现了明显的裂纹；裂纹贯穿整个接头厚度方向，而且基本平行于 Ti/Al 界面，如图 3-6(d) 所示。

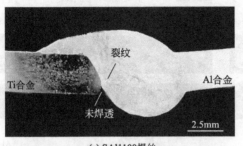
(a) SAl1100焊丝

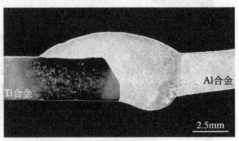
(b) SAl4043焊丝

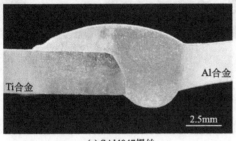
(c) SAl4047焊丝

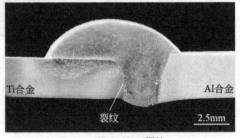
(d) SAl5356焊丝

图 3-6　不同焊丝 TA15/2024Al 接头宏观成形

分析认为 SAl1100 焊丝熔点较高，在相同热输入条件下，需要较多的热量进行熔化；熔池液态金属经历的焊接热循环峰值温度相对较低，流动性较差，尚未铺展至接头根部便迅速冷凝，导致未焊透的产生。采用另外三种焊丝时，合金元素的加入降低了焊丝熔点，熔池液态金属经历的焊接热循环峰值温度提高，流动性增大。在连接过程中，液态金属可迅速流动铺展至接头根部，形成完整的 Ti/Al 结合界面。采用填丝 GTAW 对 Ti/Al 异质合金进行连接，接头厚度方向熔池体积存在差异，导致凝固结晶后焊缝收缩量不同，接头根部存在较大的残余应力。采用 SAl1100 焊丝时，未焊透区域 Ti/Al 界面端部存在应力集中的三角形尖端，在残余应力作用下极易发生开裂并扩展至焊缝中，形成宏观裂纹，如图 3-6(a) 所示。而采用 Al-Mg 系 SAl5356 焊丝时，Al 与 Mg 极易反应在晶界形成脆性的 Al-Mg 金属间化合物，降低焊缝的韧性，在应力诱导作用下，焊缝发生开裂，形成如

图 3-6（d）所示的裂纹。

# 3.2 焊接接头组织特征

采用四种铝基焊丝对 TA15（Ti-6.5Al-2Zr-Mo-1.5V）钛合金与 2024Al、5A06Al 异质合金进行钨极氩弧焊（GTAW）连接。在热源作用下，熔融的焊丝与局部熔化的铝母材混合并发生冶金反应，形成熔合区；高温液态金属与钛合金接触，通过发生固-液界面反应，形成复杂的过渡区。而靠近焊缝的钛、铝母材在焊接热循环的作用下，发生固态相变，引起接头组织性能的变化。采用光学显微镜（OM）、扫描电子显微镜（SEM）针对 Ti/Al 异质接头显微组织进行分析，研究焊丝合金成分对接头组织特征的影响；研究接头厚度方向 Ti/Al 过渡区显微组织特征。采用能量分散谱仪（EDS）对特征组织的化学成分进行测试，分析其组织组成。采用显微硬度计对接头特征区域的显微硬度分布进行测定，研究焊丝成分对接头显微硬度分布的影响。

## 3.2.1 焊接热影响区

### (1) 2024Al 合金 HAZ

试验采用 2024Al、5A06Al 两种铝合金与 TA15 钛合金进行填丝 GTAW 连接试验。2024Al 是一种热处理强化的硬铝合金，通过 S（CuMgAl$_2$）相和 θ（CuAl$_2$）相弥散强化达到强化目的[107,108]。在 GTAW 过程中，2024Al 近缝区母材受焊接热循环的作用，发生了组织变化，形成一定宽度的焊接热影响区（HAZ）。2024Al 合金 HAZ 显微组织分别如图 3-7、图 3-8 所示。

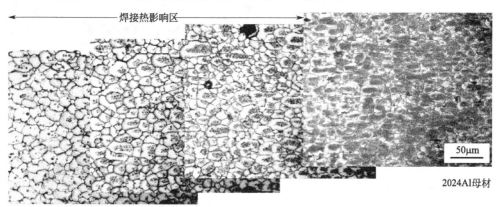

图 3-7　2024Al 合金焊接热影响区低倍组织

紧邻熔合区的 HAZ 由光亮的 α-Al 晶粒组成，晶内存在少量颗粒状析出相；α-Al 晶界发生熔化形成晶界三角区域，见图 3-8(a)。距熔合区较远处，α-Al 晶内颗粒状析出相数量增大，尺寸有所减小；α-Al 晶界也有一定程度的熔化现象，见图 3-8(b)。靠近铝母材的 HAZ 中 α-Al 晶界处较为光亮，晶内存在大量细针状、絮状析出相，见图 3-8(c)。当焊接热输入过大时，紧邻熔合区的 HAZ 还有可能出现如图 3-8(d) 所示的组织形态，α-Al 晶界存在明显的粗化现象，晶内存在尺寸较大的球状析出相；晶界处存在大量的颗粒状析出相。

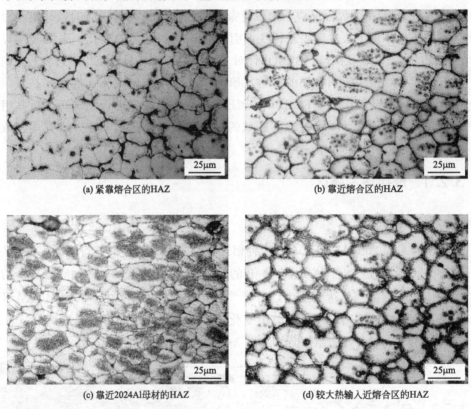

(a) 紧靠熔合区的HAZ  (b) 靠近熔合区的HAZ

(c) 靠近2024Al母材的HAZ  (d) 较大热输入近熔合区的HAZ

图 3-8 2024Al 合金焊接热影响区显微组织

由于 2024Al 属于热处理强化铝合金，在填丝 GTAW 过程中，近缝区母材被加热至接近甚至高于共晶组织温度；α-Al 晶内弥散分布的 S 相、θ 相发生分解并固溶于 α-Al。由于 Cu、Mg 元素在铝中固溶度小，焊后冷却过程中，过固溶元素从晶内析出形成 S 相、θ 相并聚集长大，形成如图 3-8(a)、(b)、(d) 所示的颗粒状析出相。由于焊接热循环峰值温度较高，晶界处共晶组织发生熔化，冷却凝固后形成晶界三角区域。在焊后时效过程中，Cu 元素等向晶界处发生扩散和聚集，形成溶质原子富集区（GP 区）[42]。随着时效时间的延长，晶界处 Cu 成分达到 θ 相含量，晶体点阵发生改组，形成与 α-Al 共格的过渡 $\theta'$（$CuAl_2$）相，形成固溶强化。当焊接热循环温度较高时，GP 区（一般为晶界处）Cu 元素含量较高，形成的 $\theta'$ 相发生脱溶析出，形成稳定的 θ 相。θ 相优先在晶界处析出，形成颗粒状聚集区域，见图 3-8(d)。距离熔合区较远的母材经历的焊接热循环峰值温度较低，晶界处部分 S 相、θ 相发生分解与固溶；晶内大部分 S 相、θ 相发生聚集并长大，形成絮状的团簇组织，见图 3-8(c)。

**（2）5A06Al 合金 HAZ**

5A06Al 是一种中高强度的非热处理强化防锈铝合金，通过 α-Al 内细小的颗粒状 β（$Mg_2Al_3$ 或 $Mg_5Al_8$）增强相形成强化[107]。5A06Al 合金 HAZ 显微组织如图 3-9 所示，紧邻熔合区的 HAZ 由光亮的 α-Al 晶粒组成。与铝母材相比，α-Al 晶粒尺寸较大，晶内存在尺寸较大的颗粒状析出相；晶界发生了一定程度的熔化，如图 3-9(b) 所示。距熔合区较远的 HAZ 中，α-Al 与铝母材晶粒尺寸接近；晶内颗粒状析出相数量增多，尺寸较小，如图 3-9(c) 所示。

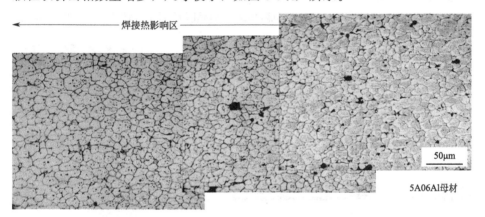

(a) HAZ低倍组织

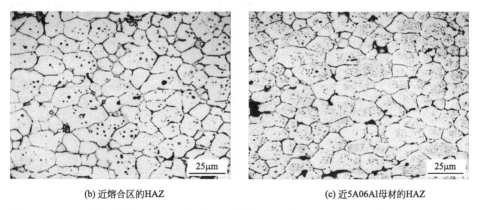

(b) 近熔合区的HAZ                    (c) 近5A06Al母材的HAZ

图 3-9　5A06Al 合金焊接热影响区低倍组织及显微组织

受焊接热循环作用，近缝区 5A06Al 母材被加热至高温，α-Al 晶粒发生一定程度的长大；α-Al 晶内大部分原本充分析出的 β 相发生分解与固溶。由于 Mg 在 Al 中固溶度有限，冷却过程中过固溶的 Mg 从晶内析出并与 Al 反应，形成一定数量的颗粒状 β 析出相。晶界处熔点较低的 Al-Mg 共晶组织发生熔化再凝固，形成明显的晶界三角区域，见图 3-9（b）。距焊缝较远处铝母材经历的焊接热循环峰值温度较低，降温速率较大。α-Al 晶内只有靠近晶界的少量 β 相分解固溶；大部分 β 相发生了聚集长大，在 α-Al 晶内形成颗粒状析出相。所以，5A06Al 合金 HAZ 在填丝 GTAW 过程中相当于进行了一次固溶热处理，形成了一个较宽的固溶区[42]。

**（3）钛合金 HAZ**

在填丝 GTAW 过程中，焊接电弧偏向于钛合金侧，在电弧和熔融焊丝金属的传热作用下，近缝区钛合金被加热至较高温度，发生了固态相变。对近缝区 TA15 钛合金显微组织进行分析，发现钛合金侧形成了一定宽度的焊接热影响区（HAZ），如图 3-10 所示。根据显微组织类型将钛合金 HAZ 分为粗晶区、细晶区及不完全转化区，见图 3-10(a)。

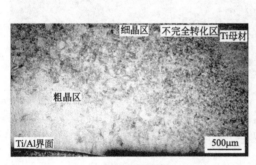

(a) HAZ低倍组织

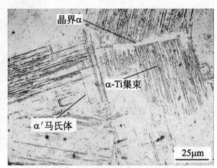

(b) 粗晶区

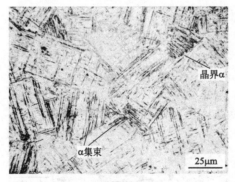

(c) 细晶区

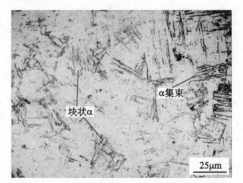

(d) 不完全转化区

图 3-10　TA15 钛合金焊接热影响区低倍组织及显微组织

HAZ 粗晶区主要由细长的片状 α-Ti 集束组成，其间含有少量的细针状 α′马氏体，原始 β 晶界 α 相明显，如图 3-10(b) 所示。距焊缝较远的细晶区也由片状 α-Ti 集束与极少量针状 α′马氏体组成，但晶粒尺寸比粗晶区明显减小，见图 3-10(c)。靠近钛母材的不完全转化区未出现 α′马氏体组织，由较短的片状 α-Ti 集束以及未发生 α→β 转变的块状 α-Ti 组成，见图 3-10(d)。

TA15 钛合金含有大量（约 6.5%）包析型 α-Ti 稳定元素 Al，在降低合金熔点的同时，提高了 α→β 的转变温度。在填丝 GTAW 加热过程中，受到焊接电弧和熔滴的直接加热作用，部分钛母材被加热至高于 α→β 的转变温度；发生 α→β 相变，形成具有体心立方结构的 β-Ti 晶粒。焊后近缝区钛合金 HAZ 沿图 3-11 中路径 1 降温时[39]，β-Ti 同晶型稳定元素 Mo、V 的含量虽然没有达到 β 相临界保留浓度 $C_0$（Mo 为 11% 或 V 为 14.9%），但它们的存在一定程度上阻碍了 β→α 的晶格转变。部分 β-Ti 晶格发生切变重构，形成了具有密排六方结构的过饱和固溶体，即 α′马氏体。β→α′转变是一种无扩散型相变，不存在转变孕育期，转变速率快，所有 α′马氏体瞬间生长至最终尺寸[109,110]。然而 β→α′马氏体转变需要较大的过冷度，合金内含量较低的 Mo、V 对 β→α 的晶格转变阻碍作用较小，大部分 β-Ti 转变为具有密排六方结构的 α-Ti，形成图 3-10(b) 中片状 α-Ti 集束，而形成的 α′马氏体数量较少。

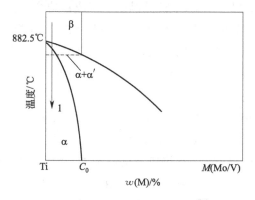

图 3-11　Ti-β 同晶元素二元亚稳态相图[37]

距焊缝较远的细晶区焊接热循环峰值温度较低，相变点以上温度时间短。虽然 α-Ti 全部发生了 α→β 转变，但由于转变时间较短，限制了 β-Ti 晶粒尺寸。受 HAZ 粗晶区传热的影响，细晶区冷却速率相对较小，绝大部分 β-Ti 转变为 α-Ti 集束，极少量转变为 α′马氏体。靠近钛母材的不完全转化区经历的焊接热循环略高于 α→β 的转变温度，只有部分 α-Ti 发生 α→β 转变，剩余 α-Ti 仅发生长大形成块状的 α-Ti。由于细晶区的传热作用，焊后该区域冷却速率较小，加之 β-Ti 稳定元素 Mo、V 含量较小（β→α′转变驱动力小），所有的 β-Ti 发生 β→α 转变，形成

短小的片状 α-Ti 集束，而未能形成 α' 马氏体。

虽然钛合金中 Mo、V 的含量未达到保留 β-Ti 至室温的临界浓度 $C_0$，但由于 HAZ 冷却速率较大，而且合金内部存在成分不均匀性，局部微区 Mo、V 的含量可能超过其临界浓度 $C_0$。因此，HAZ 中微量高温 β-Ti 未来得及发生 β→α 转变而被保持至室温，即钛合金侧 HAZ 中应含有微量的 β-Ti[111]。

### 3.2.2  铝侧熔合区

#### (1)  TA15/2024Al 接头铝侧熔合区

在四种 TA15/2024Al 接头中选择相近的位置，对铝侧熔合区显微组织进行分析。采用 SAl1100 焊丝时，熔合区主要由 α-Al 晶粒组成，见图 3-12(a)；局部熔化的铝母材与焊缝过渡良好；铝母材侧形成参差不齐的半熔化区，焊缝侧形成了一定宽度的粗大的柱状晶组织；熔合区附近未发现气孔、裂纹等显微缺陷。采用 SAl4043 焊丝时，半熔化区主要由 α-Al 晶粒组成，柱状晶区由 α-Al 与晶界处少量共晶组织组成；熔合区内半熔化区宽度较小，柱状晶特征明显且基本垂直于熔合区；与采用 SAl1100 焊丝相比，柱状晶尺寸相对较小，但仍比焊缝中 α-Al 晶粒粗大，见图 3-12(b)。采用 SAl4047 焊丝时，熔合区厚度明显减小，半熔化区主要由 α-Al 晶粒组成，柱状晶区由 α-Al 与晶界处的 Al＋Si 共晶组织组成；熔合区内柱状晶区宽度较小且晶粒尺寸与焊缝组织接近，见图 3-12(c)。采用 SAl5356 焊丝时，熔合区整体宽度较小，半熔化区主要由 α-Al 晶粒组成，在 α-Al 晶界存在一定数量的絮状析出相；焊缝侧柱状晶区形态不明显，形成了尺寸相对较小的 α-Al 树枝晶或等轴晶，见图 3-12(d)。

在填丝 GTAW 过程中，受高温熔融焊丝的加热作用，2024Al 母材被加热至高于熔点的温度，发生了局部熔化。在部分区域，焊接热循环的峰值温度略超过铝母材的熔化温度，α-Al 晶粒发生部分熔化。传热较慢的晶粒熔化量较大，而传热较快的晶粒熔化量小，形成了一定宽度的"半熔化区"。由于铝合金具有良好的传热作用，部分热量被很快传导至较远的母材中。半熔化区降温速率大，附近液态金属中存在很大的温度梯度。而半熔化区固态表面降低了液态金属凝固结晶势垒，为液态金属的快速凝固提供了异质形核的表面，液态金属即依附于半熔化区，沿着温度梯度方向迅速向焊缝中部生长。α-Al 晶粒以联生结晶方式生长，形成图 3-12 中所示柱状晶区[42]。

受焊接热影响，半熔化区内 S（CuMgAl₂）相或 θ（CuAl₂）相发生分解并固溶于 α-Al 晶粒中。半熔化区铝母材熔化、凝固过程迅速，并未与液态金属发生混合，基本保持原有的化学成分。冷却凝固过程中 α-Al 晶粒首先形成，过固溶的 S 相和 θ 相在晶界处重新析出，形成絮状析出相。焊缝侧铝母材和液态金属发生了充分混合，液态金属中除了 Cu、Mg 元素之外，还有来自焊丝中的合金元素 Si 等。在联生结晶过程中 α-Al 率先形成，将富含合金元素的液相排至晶界处，在晶界处形成 Al＋Si 共晶或 Al＋β（$Mg_2Al_3$ 或 $Mg_5Al_8$）共晶组织。

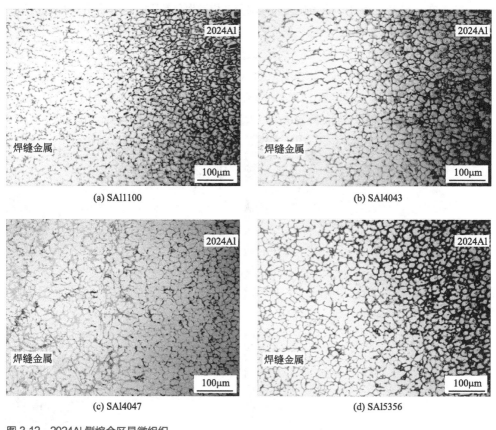

图 3-12　2024Al 侧熔合区显微组织

## （2）TA15/5A06Al 接头铝侧熔合区

　　四种 TA15/5A06Al 接头相近位置的铝侧熔合区显微组织如图 3-13 所示。采用 SAl1100 焊丝时，熔合区两侧组织差异较大，半熔化区晶粒尺寸相对较小；柱状晶区形成基本垂直于熔合区的粗大 α-Al 晶粒；熔合区附近未发现裂纹、气孔等缺陷，如图 3-13（a）所示。采用 SAl4043 焊丝时，熔合区两侧组织差异较小，半熔化区由细小的等轴晶组成，晶内存在少量的球状析出相；柱状晶区由细小的柱状 α-Al 晶粒组成，晶内存在细小的条、棒状析出相，见图 3-13（b）。采用 SAl4047 焊丝时，熔合区分为两个明显的特征区，半熔化区由尺寸不均匀的 α-Al 晶粒组成，晶内存在少量的球状析出相，晶界存在少量的 Al＋Si 共晶；柱状晶区主要由垂直于熔合区的粗大 α-Al 晶粒组成；晶界为 Al＋Si 共晶组织，见图 3-13（c）。采用

SAl5356 焊丝时，熔合区晶粒平均尺寸相对较小，半熔化区由尺寸较小的 α-Al 晶粒组成，晶内存在少量的球状析出相；柱状晶区 α-Al 晶粒柱状形态不明显，主要由等轴晶组成，晶内存在少量的颗粒状析出相，如图 3-13(d) 所示。

在 GTAW 过程中，半熔化区内大部分 β 相发生分解固溶，形成固溶强化。而冷却过程中部分过固溶的 β 相重新析出，形成图 3-13 中所示球状析出相。由于半熔化区凝固时间短，形成的 α-Al 晶粒尺寸较小。在焊后冷却过程中，固-液界面处液态金属中存在很大的温度梯度，易形成粗大的柱状晶区，如图 3-13(a) 所示。分析认为，采用 SAl4043、SAl5356 焊丝时，钛合金母材发生了大量熔解，焊缝中形成一定量的析出相。在铝侧固-液界面附近，液态金属中的析出相为液态金属的凝固提供了大量异质形核核心，对柱状晶区具有晶粒细化作用。

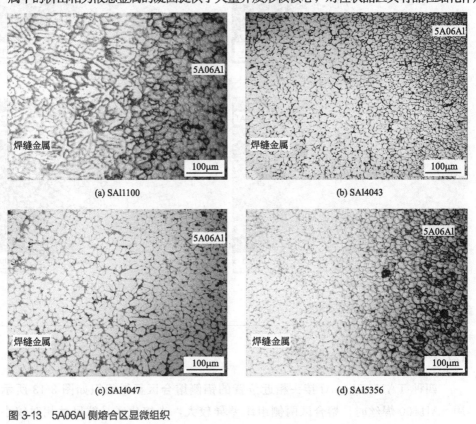

(a) SAl1100  (b) SAl4043

(c) SAl4047  (d) SAl5356

图 3-13　5A06Al 侧熔合区显微组织

### 3.2.3　焊缝

#### (1) 焊丝成分对焊缝显微组织的影响

采用 SAl1100、SAl4043、SAl4047 及 SAl5356 焊丝对 TA15 钛合金与 2024Al、5A06Al 进行 GTAW 连接。对四种 TA15/2024Al 接头中部相近位置焊缝

显微组织进行分析，如图 3-14 所示。

采用 SAl1100 焊丝时，焊缝由粗大的 α-Al 树枝晶组成，单个晶粒的直径甚至超过 100μm；晶内存在少量的颗粒状析出相 [图 3-14(a)]。对析出相进行 EDS 元素分析，Ti 的原子分数约为 28%，Al 的原子分数约为 72%，Ti 与 Al 原子之比约为 1：3，可知析出相应为金属间化合物 TiAl₃。采用 SAl4043 焊丝时，焊缝由 α-Al 树枝晶与晶界共晶组织组成。与采用 SAl1100 焊丝相比，树枝晶尺寸明显减小；α-Al 晶内存在少量的颗粒状或条状析出相 [图 3-14(b)]。经 EDS 分析，晶界组织为 Al＋Si 共晶组织，晶内颗粒状、条状析出相为金属间化合物 TiAl₃。采用 SAl4047 焊丝时，焊缝主要由 α-Al 树枝晶与晶界 Al＋Si 共晶组织组成，α-Al 树枝晶形态变得不太明显；晶内存在片状和棒状的析出相 [图 3-14(c)]。经 EDS 分析，晶内片状析出相多为初晶 Si 颗粒，棒状析出相为金属间化合物 TiAl₃。采用 SAl5356 焊丝时，焊缝主要由尺寸较小的 α-Al 等轴晶组成，晶粒之间的晶界较为疏松，见图 3-14(d)；α-Al 晶内存在少量棒状和大量颗粒状析出相。经 EDS 分析，棒状、颗粒状析出相均为金属间化合物 TiAl₃。

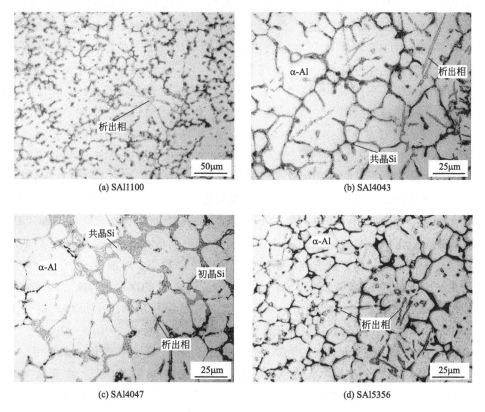

(a) SAl1100

(b) SAl4043

(c) SAl4047

(d) SAl5356

图 3-14　不同焊丝接头中心焊缝显微组织（TA15/2024Al 接头）

金属凝固结晶所需要的转变驱动力主要来自于液、固两相吉布斯自由能之间的差值 $\Delta G$：

$$\Delta G = \Delta H - T\Delta S \tag{3-1}$$

式中，$\Delta H$ 为焓变；$T$ 为温度；$\Delta S$ 为熵变。在金属熔点 $T_m$ 时，$\Delta G = 0$，可有以下关系：

$$\Delta S = \frac{\Delta H}{T_m} = \frac{L_m}{T_m} \tag{3-2}$$

式中，$\Delta S$ 为熔化熵；$L_m$ 为熔化潜热。对于大部分金属，$\Delta S$ 为常数，在接近熔化温度 $T_m$ 的条件下，液、固的定压比热容之差 $\Delta C_p$ 可忽略不计。

$$\Delta G = \Delta H - T\Delta S = L_m - \frac{TL_m}{T_m} = \frac{\Delta TL_m}{T_m} \tag{3-3}$$

即纯金属的凝固驱动力主要来自于过冷度 $\Delta T$。在实际金属的凝固过程中，过冷度由温度过冷与成分过冷提供。除过冷度外，相起伏和能量起伏也是凝固的必要条件，三个条件全部满足时金属才会发生凝固结晶[112]。

对 Ti/Al 异质合金进行连接试验，钛合金未发生明显熔化，而铝合金受到熔融焊丝的加热作用，发生了局部熔化。熔化的铝母材与液态焊丝发生强烈混合，冷却凝固后形成焊缝。四种焊丝均为铝基合金，焊缝冷凝后主要形成 α-Al 组织。

采用 SAl1100 焊丝时，即使铝合金局部熔化加入了一些合金元素，液态金属中合金元素含量也在较低水平。在过冷驱动作用下，α-Al 迅速形核并长大，形成粗大的树枝晶组织。采用 SAl4043 焊丝时，熔池含有一定量 Si（<5%），降低了液态金属熔点。冷却过程沿图 3-15(a) 路径 1 所示，熔点较高的 α-Al 率先形核并长大，将 Si 含量较高的液态金属排挤至晶界。随 α-Al 不断生长，晶界液相中 Si 含量不断增大，最终达到 Al-Si 共晶成分（Si，12.6%），在晶界处形成 Al＋Si 共晶组织。采用 SAl4047 焊丝时，液态金属中 Si 的含量接近于 Al-Si 共晶成分（约 12%），成分过冷度大，焊缝的熔点降低至接近 Al＋Si 共晶温度。冷却过程沿图 3-15(a) 路径 2 所示，液态金属凝固时间相对较短。在 α-Al 形核长大的较短时间内，残余液相即达到 Al-Si 共晶成分，形成大量 Al＋Si 共晶组织。故 α-Al 树枝晶形态进一步弱化，甚至形成尺寸较小的等轴晶。由于液态金属始终处于快速流动状态，熔池中 Si 元素分布是不均匀的，局部微区 Si 富集形核形成片状初晶 Si。初晶 Si 的存在，为液态金属的凝固提供了异质形核的条件，增加了形核质点，焊缝组织一定程度上得到了细化。采用 SAl5356 焊丝时，液态金属中 Mg 含量低于 5%。冷却沿图 3-15(b) 中路径 1 进行，α-Al 形核长大，将富含 Mg 的液态金属排挤至晶界。随 α-Al 的长大，液相中 Mg 含量不断增大并达到 Al-β 共晶成分，在晶界形成 α-Al＋β 共晶组织。由于钛与铝线胀系数相差大，焊缝中存在较大的残余应力。通常残余应力可通过 α-Al 的塑性变形而得到疏散。但由于 SAl5356 焊缝晶界 α-Al＋β 共晶组织脆性大，破坏晶界结合所需要的应力比使 α-Al 发生大范围塑性变形的应力小。因此，脆性的晶界组织发生开裂，形成了图 3-14(d) 所示的大量显微裂纹。

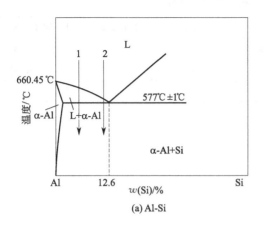

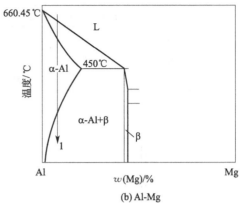

(a) Al-Si        (b) Al-Mg

图 3-15 Al-Si、Al-Mg 二元相图[39]

**(2) 焊缝析出相**

  在填丝 GTAW 条件下，四种焊丝形成的焊缝中均出现了一定数量的析出相。以采用 SAl4043 焊丝的焊缝为例，距离 Ti/Al 过渡区较近处析出相尺寸大、数量多，而且主要呈长条状或骨骼状，如图 3-16（a）所示；距离 Ti/Al 过渡区较远的其他位置析出相尺寸较小，数量少，而且主要呈"H"形短棒状或颗粒状，见图 3-16（b）。对这些析出相成分进行 EDS 元素分析，其化学成分见表 3-7，扫描结果见图 3-17。Ti 原子分数约为 26%，Al 原子分数约为 66%，Si 原子分数约为 8%，可知析出相主要由 $TiAl_3$ 组成。

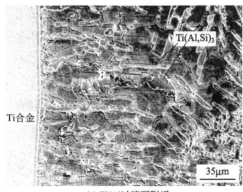

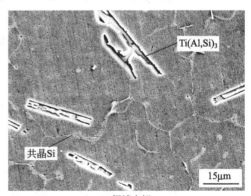

(a) Ti/Al过渡区附近       (b) 焊缝中部

图 3-16 焊缝析出相（SAl4043 焊丝）

表 3-7  析出相化学成分

| 元素 | 质量分数/% | 原子分数/% | 元素 | 质量分数/% | 原子分数/% |
|------|-----------|-----------|------|-----------|-----------|
| Al | 54.26 | 65.73 | V | 1.00 | 0.63 |
| Si | 6.46 | 7.52 | 合计 | 100.00 | 100.00 |
| Ti | 38.28 | 26.12 | | | |

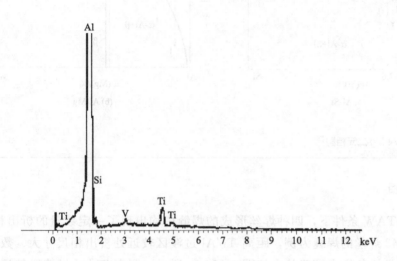

图 3-17  EDS 点扫描结果

填丝 GTAW 过程中，受电弧和高温液态金属的直接加热作用，钛合金母材发生了熔解或微量熔化，Ti 原子迅速扩散至液态金属中。随连接过程的进行，熔解扩散至液态金属的 Ti 不断增多。根据 Ti-Al 二元合金相图，Ti 与 Al 在 600℃以上即可发生 $Ti+Al \rightarrow TiAl_3$，形成金属间化合物 $TiAl_3$。距离固-液界面较近处液态金属中 Ti 含量大，故形成大量的 $TiAl_3$ 析出相。固态钛合金温度较低，固-液界面附近液态金属中存在较大的温度梯度；温度梯度方向与 Ti 向液态金属中的最大扩散方向一致，均垂直于钛合金表面。在温度梯度和 Ti 扩散的共同驱使下，形成的 $TiAl_3$ 析出相基本垂直于 Ti/Al 过渡区，如图 3-16(a) 所示。熔解扩散的 Ti 在液态金属的快速流动冲击作用下，分布不均匀，存在较大的成分起伏。微区内 $TiAl_3$ 的形成具有异步性，易形成骨骼状结构。

在距钛母材较远的液态金属中部，熔解扩散的 Ti 含量较少，Ti 与 Al 反应形成的 $TiAl_3$ 尺寸相对较小；此处温度梯度较小，对 $TiAl_3$ 的生长影响较小。$TiAl_3$ 具有 $DO_{22}$ 型正方晶体结构[39]，优先沿最大密排方向生长，极易形成棒状结构；晶格其他方向生长速率较慢，在生长一定长度后，在尖端又沿最大密排方向快速生长，形成图 3-16(b) 所示"H"形棒状结构。

在四种 TA15/2024Al 接头钛合金上表面选取相同位置对 Ti/Al 过渡区附近焊缝组织进行分析，如图 3-18 所示。

在焊接热输入相近的条件下，焊丝成分对 $TiAl_3$ 析出相的数量及形态具有明显影响。采用 SAl1100 焊丝时，Ti/Al 过渡区附近形成了大量粗大的条状、骨骼状 $TiAl_3$，而且长度方向基本垂直于过渡区，见图 3-18(a)。采用 SAl4043 焊丝时，过渡区附近也形成了大量的骨骼状、条状 $TiAl_3$ ［图 3-18(b)］。与采用 SAl1100 焊丝相比，条状 $TiAl_3$ 的数量、尺寸均有所减小；骨骼状 $TiAl_3$ 数量增大。采用 SAl4047 焊丝时，过渡区附近形成的 $TiAl_3$ 数量少且呈小块状 ［图 3-18(c)］。采用 SAl5356 焊丝时，钛合金发生了明显的熔化，过渡区附近存在大量条状 $TiAl_3$；紧邻过渡区还形成大量棒状 $TiAl_3$ 团簇，见图 3-18(d)。

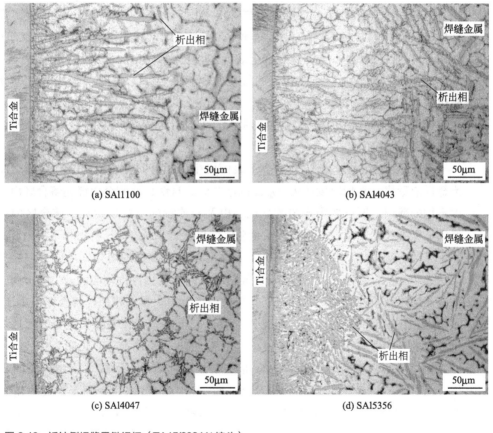

(a) SAl1100　　　　　　　　　　　(b) SAl4043

(c) SAl4047　　　　　　　　　　　(d) SAl5356

图 3-18　近钛侧焊缝显微组织（TA15/2024Al 接头）

采用含 Si 元素的焊丝进行 Ti/Al 异质合金连接时，随 Si 元素含量的增大，焊缝中 $TiAl_3$ 析出相含量、尺寸逐渐减小。尤其是采用 SAl4047 焊丝时，仅形成了少量的块状 $TiAl_3$，对焊缝性能影响较小。采用含 Mg 元素的焊丝时，焊缝中析出相的数量、尺寸均未发生明显变化。Ti/Al 过渡区附近出现的大量 $TiAl_3$ 金属间化合物，极大地增加了焊缝的脆性，不利于接头的性能。

分析认为，采用 SAl5356 焊丝时，钛合金发生了微量熔化。而 Ti(S)-Ti(L)、Ti(S)-Al(L) 及 Ti(L)-Al(L) 表面张力存在差异。在三种表面张力及其自身重力作用下，液态钛主要凝聚在固态钛表面。该区域存在大量液态铝、钛，两者混合反应形成图 3-18 (d) 中棒状 $TiAl_3$ 团簇。采用四种焊丝连接的 TA15/5A06 接头中 Ti/Al 过渡区附近焊缝显微组织与 TA15/2024Al 接头基本一致，故不再赘述。

## 3.2.4　钛/铝结合区

### 3.2.4.1　焊丝成分的影响

采用四种焊丝对 TA15 钛合金与 2024Al、5A06Al 进行 GTAW 连接。焊丝合金成分会影响焊接过程中 Ti/Al 过渡区的冶金反应，进而影响接头的组织性能。在四种 TA15/2024Al 接头钛合金上表面、接头中部各选择相同的位置对 Ti/Al 过渡区显微组织进行分析。在相近的焊接热输入条件下，焊丝合金成分对过渡区显微组织具有明显影响。

选择钛合金上表面电弧直接加热的区域进行组织分析，四种接头的界面显微组织如图 3-19 所示。

采用 SAl1100 焊丝时，钛合金上表面发生了微量熔化。钛合金与焊缝之间通过冶金反应形成了平均厚度约为 $20\mu m$ 的熔合区。自钛合金侧至焊缝侧熔合区由一层厚度不均的薄层、厚度较为均匀的亮色层以及不连续的块状层组成。熔合区内存在少量的显微裂纹；附近焊缝中存在大量粗大的块状、条状 $TiAl_3$ 析出相，见图 3-19(a)。

采用 SAl4043 焊丝时，钛合金上表面也发生了微量的熔化，形成了一层平均厚度约为 $20\mu m$ 的熔合区。自钛合金侧至焊缝侧熔合区由厚度均匀的薄层、厚度较大的树枝晶层以及不连续的块状层组成。与采用 SAl1100 焊丝相似，熔合区呈多层结构，其中也存在少量的显微裂纹，但各反应层形态与前者存在差异；熔合区附近焊缝中也存在大量的条块状 $TiAl_3$ 析出相，但 $TiAl_3$ 的尺寸有所减小，见图 3-19(b)。

采用 SAl4047 焊丝时，钛合金也发生了微量熔化，形成了一定宽度的多层状熔合区，熔合区各层形态与前两者存在较大差异。自钛合金侧至焊缝侧熔合区由厚度很小的暗色层、颗粒状层与不连续的块状层三层结构组成。连续的熔合区内未发现显微裂纹，其平均厚度与其他接头相比明显减小（约为 $10\mu m$）。紧靠熔合区的焊缝中形成了一些块状 $TiAl_3$，见图 3-19(c)。

采用 SAl5356 焊丝时，钛合金上表面熔化量较大，形成了明显的熔合区。由钛合金侧至焊缝侧熔合区由很薄的暗色层、厚度较大的树枝晶层与不连续的锯齿状层组成。熔合区的厚度是不均匀的，局部厚度甚至超过 $50\mu m$，其间存在少量显微裂纹。熔合区附近焊缝中存在大量条状、针状 $TiAl_3$，见图 3-19(d)。

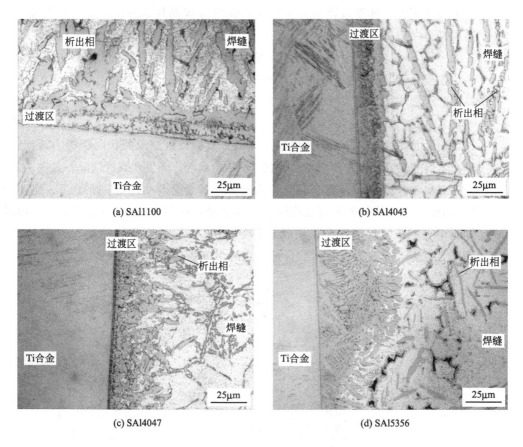

(a) SAl1100

(b) SAl4043

(c) SAl4047

(d) SAl5356

图 3-19　钛合金上表面 Ti/Al 过渡区显微组织（TA15/2024Al 接头）

　　四种 Ti/Al 接头熔合区与钛合金之间存在平直、锐利的界面，组织基本无过渡；熔合区与铝基焊缝之间的界面呈曲线状或者锯齿状，增大了两者的结合面积。

　　分析认为，受电弧与熔融焊丝的共同加热作用，钛合金表面发生微量熔化，液态钛与铝基液态金属混合并发生冶金反应。根据 Ti-Al 二元合金相图（图 1-15）[39]，自富 Ti 侧至富 Al 侧，生成了一系列 Ti-Al 金属间化合物。由于 Ti-Al 金属间化合物具有其本征脆性，熔合区脆性较大。如果在钛合金与焊缝之间形成厚度较大的连续金属间化合物层，在焊后冷却过程中，熔合区在残余应力的作用下极易发生开裂，形成显微裂纹。采用 SAl1100、SAl4043 及 SAl5356 合金焊丝时，熔合区附近较大范围的焊缝中出现了大量粗大的针状、条状 $TiAl_3$ 析出相，见图 3-19(a)、(b)、(d)，脆性析出相的存在降低了焊缝的韧性，对接头的性能不利。

　　在 Ti/Al 对接接头中部（紧邻坡口拐角位置）对四种接头 Ti/Al 过渡区显微

组织进行分析，见图 3-20。接头中部不受焊接电弧的直接加热作用，而受高温液态金属向下流动铺展过程中传热作用，钛合金表面均未发生熔化，通过扩散反应形成钎焊结合。

采用 SAl1100 焊丝时，钛合金与焊缝之间的界面反应不太充分，形成了一层平均厚度小于 $2\mu m$ 的锯齿状界面反应层，反应层由钛合金侧向焊缝中生长。靠近界面的焊缝中出现了裂纹缺陷，而且裂纹延伸方向与 Ti/Al 界面基本平行，见图 3-20(a)。采用 SAl4043 焊丝时，钛合金与焊缝反应较为充分，形成了一层厚度不均的界面反应层，其平均厚度超过 $5\mu m$；界面反应层呈芽状向焊缝中延伸。钎焊界面附近的焊缝中存在极少量的针状 $TiAl_3$ 析出相，未发现裂纹缺陷，见图 3-20(b)。采用 SAl4047 焊丝时，界面反应较为充分，钛合金与焊缝之间形成了一层厚度为 $3\sim5\mu m$ 的较为均匀的界面反应层，反应层呈芽状向焊缝中延伸。Ti/Al 界面附近焊缝中存在少量尺寸较小的块状、条状 $TiAl_3$，未发现裂纹缺陷，见图 3-20(c)。采用 SAl5356 合金焊丝时，钛合金与焊缝之间形成了一层平均厚度约为 $2\mu m$ 的锯

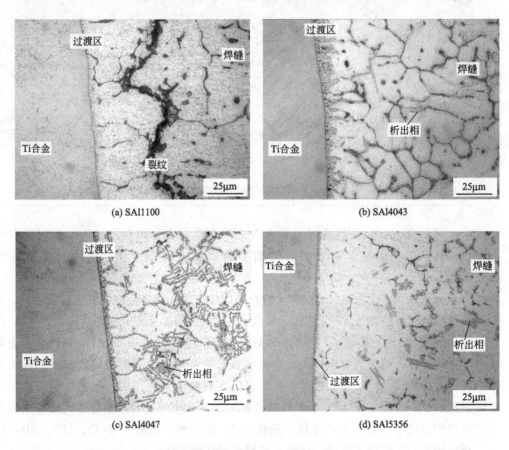

图 3-20  接头中部 Ti/Al 过渡区显微组织 (TA15/2024Al 接头)

齿状界面反应层；界面附近焊缝中存在大量颗粒状、棒状 $TiAl_3$，也未出现裂纹，见图 3-20(d)。与钛合金上表面熔合区相似，四种 Ti/Al 接头中部钎焊界面反应层与钛合金之间界面光滑平直，几乎没有组织过渡；反应层与焊缝之间形成芽状或锯齿状的界面，增大了两者的结合面积，有利于提高结合强度。

对比四种接头不同位置 Ti/Al 过渡区的显微组织后可知，若焊丝合金成分不同，对 Ti/Al 过渡区显微组织的影响存在以下方面问题。

**(1) Ti/Al 熔合区**

采用 SAl1100、SAl4043 及 SAl5356 焊丝时，接头上表面钛合金熔化量相对较大，形成的 Ti/Al 熔合区较厚；熔合区内部还存在少量的焊接裂纹。采用 SAl4047 焊丝时，钛合金熔化量较小，形成的 Ti/Al 熔合区平均厚度在 $10\mu m$ 之内，其中未发现显微裂纹的存在。

四种接头的 Ti/Al 熔合区均为多层状结构，但采用不同合金焊丝时，熔合区内各分层的宽度及形态存在差别。采用 SAl1100 焊丝时，Ti/Al 熔合区由厚度均匀的暗色薄层、宽度较大的灰色层及宽度较小的不连续层三层结构组成。采用 SAl4043 与 SAl5356 焊丝时，熔合区由厚度均匀的暗色薄层、厚度较宽的树枝晶层及锯齿状层三层结构组成。采用 SAl4047 焊丝时，熔合区由厚度很小的暗色层、颗粒状层与块状层三层结构组成。分析认为，采用 Al-Si、Al-Mg 焊丝时，液态金属中 Si、Mg 元素通过参与液态钛与液态金属之间的冶金反应，改变了熔合区内冶金反应进程，形成了新相。

**(2) 接头中部 Ti/Al 钎焊界面反应层**

采用不同成分的铝基合金焊丝时，接头中部 Ti/Al 钎焊界面反应层厚度存在差异。采用 SAl1100 焊丝时，界面反应层厚度最小；采用 Al-Si 系列焊丝时，界面反应层厚度较大。分析认为，在相近的焊接热输入条件下，SAl1100 焊丝熔点较高，焊丝熔化过程中消耗的电弧热量较大，形成的液态金属温度相对较低。液态金属与其他三种焊丝相比黏性较大，受表面张力影响流动铺展能力较差，向接头中下部流动较为缓慢。钛合金与液态金属之间冶金反应时间短、温度低，故形成的界面反应层厚度最小。采用另外三种焊丝时，通过加入 Mg、Si 元素降低了焊丝合金的熔点，使焊接过程中液态金属流动铺展能力增大，钛与液态金属之间界面反应时间变长，增大了反应层的厚度。相对于 Al-Mg 焊丝，采用 Al-Si 焊丝时，液态金属的流动性更好，故形成的界面反应层较厚。

**(3) 焊缝中析出相**

采用 SAl1100 或 SAl5356 焊丝时，Ti/Al 熔合区附近焊缝中出现了大量粗大的条状、块状 TiAl₃ 析出相。采用 SAl4043 焊丝时，TiAl₃ 析出相的数量仍然较多，但尺寸明显减小。采用 SAl4047 焊丝时，只有紧靠熔合区的部分焊缝存在块状 TiAl₃，而且 TiAl₃ 尺寸较小。分析认为采用 Al-Si 焊丝时，Si 元素干预了 Ti 与 Al 之间的冶金反应，对 TiAl₃ 的生长具有一定的抑制作用。故采用 SAl4043 时，析出相尺寸明显减小。采用 SAl4047 焊丝时，大量 Si 元素的加入，不仅影响了液态金属中 Ti 与 Al 的反应，也影响到熔合区中 Ti 与 Al 的冶金反应。这对 Ti 向液态金属中的扩散起到一定的抑制作用[113]，不仅减少了焊缝中 TiAl₃ 析出相的数量，还限制了 TiAl₃ 的过分生长。采用 Al-Mg 焊丝时，虽然 Mg 元素参与了 Ti 与 Al 的冶金反应，但对析出相的形核长大影响较小，导致焊缝中形成大量 TiAl₃ 析出相。

#### 3.2.4.2 铝母材的影响

为分析铝母材化学成分对 Ti/Al 过渡区显微组织的影响，对四种 TA15/5A06Al 接头过渡区显微组织进行分析。选区位置与 TA15/2024Al 接头一致。与

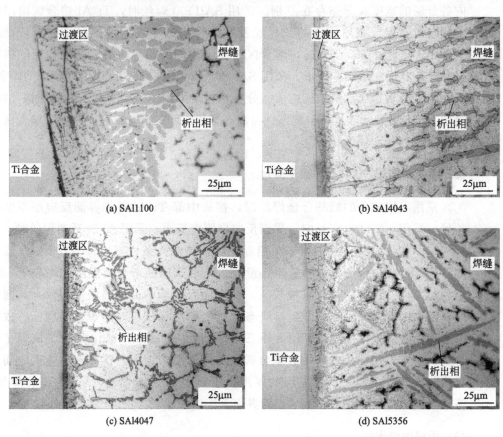

(a) SAl1100

(b) SAl4043

(c) SAl4047

(d) SAl5356

图 3-21　钛合金上表面 Ti/Al 过渡区显微组织（TA15/5A06Al 接头）

TA15/2024Al 接头相似，受电弧与熔融焊丝的加热作用，钛合金上表面均发生了一定程度的熔化，形成了一定厚度的多层状熔合区，如图 3-21 所示。

采用 SAl1100 焊丝时，熔合区的厚度较大，局部区域厚度超过了 $50\mu m$；熔合区附近焊缝中存在大量粗大的条、块状 $TiAl_3$ 析出相，见图 3-21（a）。采用 SAl4043 焊丝时，熔合区的平均厚度约为 $15\mu m$，附近焊缝中出现了大量离散的条、块状 $TiAl_3$，见图 3-21（b）。采用 SAl4047 焊丝时，熔合区的平均厚度控制在 $10\mu m$ 之内；在紧靠熔合区的焊缝中形成了少量离散的块状 $TiAl_3$，见图 3-21（c）。采用 SAl5356 合金焊丝时，Ti/Al 熔合区厚度为 $10\sim15\mu m$，焊缝中出现了大量粗大的条状、针状 $TiAl_3$，见图 3-21（d）。

在采用 SAl1100 焊丝的熔合区中出现了两种不同类型的焊接裂纹：一种为垂直于钛合金表面的较为短小的裂纹，另一种为平行于钛合金表面的较宽的裂纹。采用 SAl5356 焊丝的熔合区中存在垂直于钛合金表面的显微裂纹。另外，在采用 SAl1100、SAl4043 及 SAl5356 焊丝的焊缝中出现了大量的条状、块状 $TiAl_3$ 析出相，增大了焊缝的脆性，不利于接头的性能。

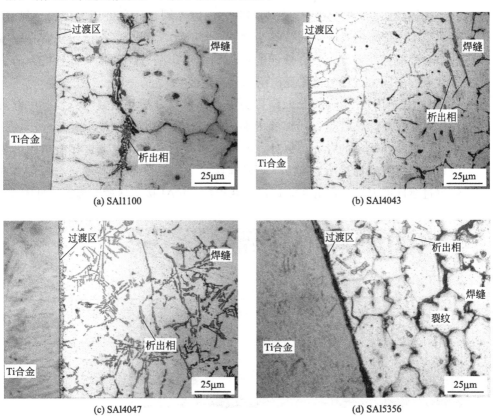

(a) SAl1100 　　　　　　　　　　　(b) SAl4043

(c) SAl4047 　　　　　　　　　　　(d) SAl5356

图 3-22　接头中部 Ti/Al 过渡区显微组织（TA15/5A06Al 接头）

四种 TA15/5A06Al 接头中部（紧邻坡口拐角位置）Ti/Al 过渡区显微组织如图 3-22 所示。与 TA15/2024Al 接头相似，中部钛合金未发生熔化，通过与焊缝反应形成了一定厚度的界面反应层，实现钎焊结合。在四种接头中，采用 SAl1100焊丝时钎焊界面反应层较薄，其平均厚度小于 $2\mu m$；采用 SAl4047 合金焊丝时，界面反应层厚度最大，平均厚度接近 $5\mu m$；采用 SAl5356 焊丝时，焊缝中出现了基本平行于界面方向的显微裂纹，过渡区显微组织特征与 TA15/2024Al 接头相似。

由图 3-21、图 3-22 可知，TA15/5A06Al 接头中熔合区及钎焊界面显微组织与 TA15/2024Al 接头相似，未发现明显的差别。分析认为，由于在填丝 GTAW过程中，熔池体积较大且冷却凝固速率快，局部熔化的铝合金基本滞留在靠近铝母材侧的焊缝中，并未大量流动、扩散至钛合金侧。所以，铝母材对 Ti/Al 过渡区显微组织影响较小。

### 3.2.4.3 接头厚度方向组织特征

在填丝 GTAW 过程中，接头厚度方向因不同位置所经历的焊接热循环不同，形成了不同形态的 Ti/Al 过渡区。在接头厚度方向过渡区显微组织存在差异，导致结合性能存在差异。结合性能的不均匀性可影响 Ti/Al 接头的性能，研究接头厚度方向不同位置的过渡区显微组织具有重要意义。

采用 SAl4047 合金焊丝时，接头上表面钛合金熔化量最小；接头中部钎焊界面反应层较厚，结合良好；焊缝中形成的 $TiAl_3$ 析出相数量少且尺寸小；接头中未发现裂纹等缺陷的存在。另外，铝合金母材对 Ti/Al 过渡区显微组织的影响可以忽略，故可选择采用 SAl4047 焊丝连接的 TA15/2024Al 接头进行厚度方向不同位置过渡区的显微组织分析，以试验获得的 Ti/Al 接头横截面形貌，见图 3-23。

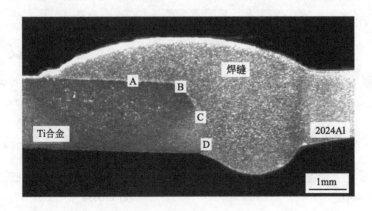

图 3-23　TA15/2024Al 接头横截面

由接头上部至根部，钛合金与焊缝表现为界面结合，未发现未焊透或未熔合等焊接缺陷的存在。分析认为，焊接时熔融的铝基液态混合金属附着在固态钛合金表面，在表面张力、等离子气吹力及自身重力等综合作用下，向接头根部流动铺展，通过高温下的一系列冶金反应，由接头上部至根部均形成了良好的结合。

可选择接头四个不同位置的 Ti/Al 过渡区进行显微组织分析[113,114]，选区位置如图 3-23 中 A～D 所示，显微组织如图 3-24 所示。位置 A 处钛合金发生了微量熔化，由钛合金侧至焊缝侧形成了厚度均匀的灰色的薄层、具有黑色颗粒的暗色层以及块状层三个反应层，反应层总厚度在 8～10μm 范围内；附近焊缝中形成了较多块状、棒状 $TiAl_3$ 析出相，见图 3-24(a)。位置 B 处钛合金未熔化，自钛合金侧至焊缝侧形成了厚度均匀的暗色的薄层、锯齿状或芽状的反应层，反应层平均厚度约为 5μm；附近焊缝中存在少量棒状 $TiAl_3$ 析出相，$TiAl_3$ 长度方向基本垂直于Ti/Al 界面，见图 3-24(b)。位置 C 处钛也未熔化，自钛合金侧至焊缝侧形成了一个暗色的薄层与一个锯齿状反应层，反应层平均厚度约为 3μm；附近焊缝中存在少量块状 $TiAl_3$ 析出相，见图 3-24(c)。位置 D 过渡区组织与位置 C 相近，形成了一个暗色的薄层与一个锯齿状反应层，但反应层平均厚度明显减小，约为 1μm；附近焊缝中仅有极少量的颗粒状 $TiAl_3$，见图 3-24(d)。

分析认为，位置 A 处于焊接电弧直接加热区域。受电弧和熔融焊丝的直接作用被加热到较高温度，钛合金发生微量熔化。在 Ti(S)-Ti(L)、Ti(S)-Al(L) 与 Ti(L)-Al(L) 三种表面张力及自身重力的综合作用下，熔化的钛首先聚集在固态钛合金表面。但由于熔池液态金属的快速流动作用，微量熔化的钛被铝基液态金属稀释或冲散。根据 Ti-Al-Si 三元合金相图（图 5-8）[98]，液态钛与液态金属混合并发生冶金反应，形成了图 3-24(a) 所示一层较薄的熔合区和大量离散的条、块状析出相。由于 Ti-Al 金属间化合物具有脆性，残余应力会导致连续金属间化合物层中微裂纹的形成，因此应尽量避免生成连续反应层。当金属间化合物以离散的形式分布于焊缝中时，处于金属间化合物之间的铝通过发生塑性变形疏散了凝固过程中产生的应力，降低了接头的裂纹敏感性。

位置 B 处于接头顶部拐角处，受焊接电弧及熔滴的作用，被加热至低于钛合金熔点的较高温度。钛表面发生快速熔解和扩散，造成界面附近液态金属中 Ti 的大量富集。由于该处界面经历的焊接热循环峰值温度较高，高温停留时间较长，熔解扩散的 Ti 与液态金属发生充分反应，形成平均厚度约 5μm 的芽状反应层。受温度梯度和 Ti 扩散的共同作用，反应层附近的析出相基本垂直于钛合金表面生长，形成图 3-24(b) 中所示垂直于 Ti/Al 界面的条状组织。液态金属向接头下部流动铺展且温度不断下降。处于接头中部及根部的位置 C 与位置 D 不受焊接电弧的影响，且与钛合金接触的液态金属的温度较低。界面经历的焊接热循环峰值温度低，钛合金发生了少量熔解和扩散。钛与液态金属反应时间短，形成了较薄的界面反应层。

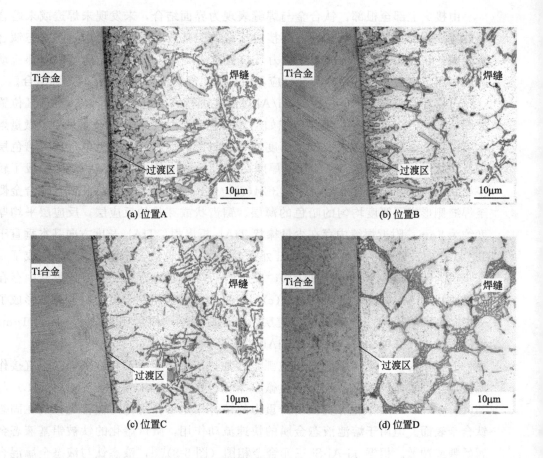

(a) 位置A　　　　　　　　　　(b) 位置B

(c) 位置C　　　　　　　　　　(d) 位置D

图 3-24　TA15/2024Al 接头厚度方向过渡区显微组织

通过显微组织分析得知,采用 SAl4047 焊丝进行 Ti/Al 异质合金 GTAW 连接时,接头上表面钛合金发生了微量熔化,形成了一个厚度较小的 Ti/Al 熔合区,多数金属间化合物以离散的条块状分布在熔合区附近的焊缝中,降低了熔合区组织的脆性。接头中、下部钛合金与液态金属通过互扩散反应,均形成了一定厚度的界面反应层,保证了 Ti/Al 异质合金的结合性能。

# 3.3　焊接接头的力学性能

## 3.3.1　显微硬度分布

### (1) 2024Al 铝侧熔合区附近显微硬度

铝母材侧熔合区为半熔化区,焊缝侧形成柱状晶区,两者显微组织存在很大差异；熔合区附近铝母材受焊接热循环影响组织发生变化，故熔合区附近存在较大的组织不均匀性，可对四种接头相同位置熔合区附近的显微硬度分布进行测定。为了消除时效对接头显微硬度的影响，试样首先静置一周。由于熔合区存在组织不均匀性，所以在熔合区内选择三处位置进行测试，取其平均值作为熔合区的显微硬度。显微硬度压痕如图 3-25（a）所示，四种接头熔合区附近显微硬度分布如图 3-25（b）所示。SAl1100 与 SAl4043 两种焊丝焊缝显微硬度均为 $60 \sim 70 HV_{0.05}$；SAl4047 与 SAl5356 两种焊丝焊缝的显微硬度均为 $75 \sim 90 HV_{0.05}$。2024Al 母材的显微硬度为 $95 \sim 120 HV_{0.05}$。靠近焊缝的 HAZ 显微硬度较低，为 $70 \sim 85 HV_{0.05}$，靠近铝母材的 HAZ 显微硬度略高，为 $90 \sim 110 HV_{0.05}$。采用 SAl1100、SAl4043 及 SAl5356 焊丝时，紧邻熔合区的铝母材中出现了 $0.2 \sim 0.3 mm$ 宽的软化区。

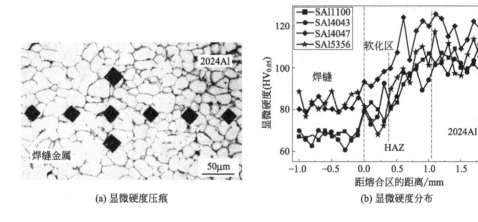

(a) 显微硬度压痕  (b) 显微硬度分布

图 3-25  2024Al 侧熔合区附近显微硬度

Si 与 Mg 在 $\alpha$-Al 中的固溶度都很小，但 Si 原子半径比 Al 原子小，而 Mg 原子半径比 Al 原子大。在固溶于 $\alpha$-Al 中时，Mg 原子引起的点阵畸变较大，对晶内位错的钉扎作用较大，强化明显。所以在过固溶状态时，Al-Mg 焊缝的显微硬度比 Al-Si 焊缝高。熔合区由焊丝合金与 2024Al 母材混合而成，故其显微硬度介于焊缝与铝侧 HAZ 之间。

在填丝 GTAW 过程中，受液态金属传热影响，靠近焊缝的铝合金 HAZ 中 S 相和 $\theta$ 相发生熔解。焊后 HAZ 快速冷却，强化相来不及析出即固溶于 $\alpha$-Al 内，形成固溶强化。在焊后时效过程中，过饱和固溶体是不稳定的，强化相优先向界面能较高的晶界处扩散富集。随时效时间的延长，晶界大量强化相脱溶析出，形成稳定的析出相，导致 $\alpha$-Al 固溶强化失效，发生过时效软化。因此，靠近焊缝的 HAZ 硬度出现了明显下降，形成过时效软化区。

**（2）5A06Al 铝侧熔合区附近显微硬度**

试样静置一周后，对四种接头相同位置熔合区附近显微硬度分布进行测定，显微硬度测试压痕如图 3-26（a）所示，显微硬度分布如图 3-26（b）所示。受焊接热循环的影响，铝母材侧形成了宽度为 0.4～0.7mm 的焊接热影响区（HAZ）。铝母材的显微硬度为 110～120HV$_{0.05}$；铝合金 HAZ 显微硬度由熔合区至母材呈逐渐增大趋势，显微硬度在 90～115HV$_{0.05}$ 范围内起伏。采用 SAl1100、SAl5356 焊丝时，铝侧熔合区平均显微硬度值约为 100HV$_{0.05}$；采用 SAl4043、SAl4047 焊丝时，熔合区平均显微硬度值约为 90HV$_{0.05}$。采用 SAl1100 焊丝时，焊缝显微硬度为 60～75HV$_{0.05}$；采用 SAl4043、SAl4047 及 SAl5356 焊丝时，焊缝显微硬度为 70～80HV$_{0.05}$。接近熔合区时，四种焊缝的显微硬度均呈逐渐上升趋势，紧邻熔合区处可达到 90HV$_{0.05}$。

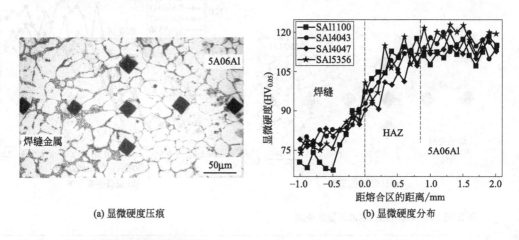

(a) 显微硬度压痕                    (b) 显微硬度分布

图 3-26　5A06Al 侧熔合区附近显微硬度

由于 5A06Al 合金为非热处理强化的合金，GTAW 过程相当于进行一次固溶热处理，形成了一个较宽的固溶区（HAZ）。受焊缝的传热影响，固溶区内部分 β 相发生分解并固溶于 α-Al 中，残余 β 相发生聚集长大，合金强化程度减弱；近缝区 Mg 元素向焊缝中发生扩散，导致 HAZ 硬度进一步下降。所以，靠近焊缝的 HAZ 显微硬度较低，靠近铝母材的 HAZ 显微硬度较高。

在 α-Al 中，Mg 元素的固溶强化比 Si 元素更强。SAl5356 焊丝获得的焊缝显微硬度比其他三种焊缝高。靠近熔合区的焊缝由局部熔化的铝母材与液态焊丝混合凝固而成，越靠近熔合区 Mg 元素含量越高，故接近熔合区焊缝显微硬度呈逐渐上升趋势，见图 3-26(b)。熔合区组织由铝母材与焊缝混合而成，所以其显微硬度介于焊缝与铝侧 HAZ 显微硬度之间。

### (3) Ti/Al 过渡区附近显微硬度

采用四种合金焊丝时，钛合金上表面均发生了微量熔化，形成了 Ti/Al 熔合区，而其他位置钛与铝基焊缝通过界面反应，形成钎焊界面结合。由于铝合金母材的化学成分对 Ti/Al 过渡区显微组织影响较小，所以试验选取四种合金焊丝获得的 TA15/2024Al 接头，对其相近位置的熔合区和钎焊界面附近显微硬度分布分别进行测试。由于选择的测试路径并非一条直线，所以不能表达钛合金 HAZ 的具体宽度。为了提高测试精度，对 Ti/Al 熔合区测量三次，取平均值作为其显微硬度值。由于钎焊界面反应层厚度较小，仅对其紧邻的钛合金 HAZ 进行测试来侧面反映界面反应层的显微硬度。

Ti/Al 熔合区附近显微硬度分布如图 3-27 所示。钛合金母材的显微硬度为 290~310$HV_{0.05}$；HAZ 不完全转化区及细晶区显微硬度较低且存在较大的不均匀性，约为 320~340$HV_{0.05}$；钛合金 HAZ 粗晶区显微硬度相对较高，约为 340~360$HV_{0.05}$。采用 SAl1100 及 SAl4047 焊丝时，Ti/Al 熔合区厚度较小，其显微硬度约为 460$HV_{0.05}$；采用 SAl4043 及 SAl5356 焊丝时，熔合区厚度较大，其显微硬度接近 480$HV_{0.05}$。采用 SAl1100、SAl4043 及 SAl5356 焊丝时，由于 Ti/Al 熔合区附近焊缝中形成了大量 $TiAl_3$ 析出相，析出相的存在阻碍了显微硬度测试过程中焊缝的塑性变形，故靠近熔合区的焊缝显微硬度较高，距离熔合区较远处焊缝显微硬度较低[108]。

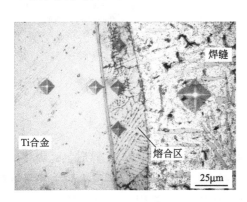

(a) 显微硬度压痕

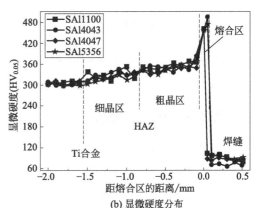

(b) 显微硬度分布

图 3-27 Ti/Al 熔合区附近显微硬度分布

分析认为填丝 GTAW 过程中，由于近缝区钛合金发生了固态相变，形成了一定宽度的 HAZ。因此，HAZ 不完全转化区由短小的片状 α-Ti 集束及块状 α-Ti 组成；细晶区与粗晶区主要由大量片状 α-Ti 集束及少量 α′ 马氏体组成，故 HAZ 显微硬度得到一定程度的增大。由于钛合金的马氏体转变是一种无扩散型相变[109]，不像钢的马氏体那样显著增大 HAZ 的硬度，只比 α-Ti 固溶体略高，故 HAZ 的平均显微硬度相对于钛母材只略有提高。HAZ 细晶区 α′马氏体含量较少，而粗晶区 α′马氏体含量较多，所以细晶区平均显微硬度相对较小，而粗晶区平均显微硬度较大。Ti/Al 熔合区主要由硬脆的 Ti-Al 金属间化合物组成，故熔合区的显微硬度最高，均在 450HV$_{0.05}$ 以上。

Ti/Al 钎焊界面附近显微硬度分布如图 3-28 所示。紧邻钎焊界面反应层的钛合金 HAZ 显微硬度与粗晶区接近，约为 350～380HV$_{0.05}$。分析认为，由于四种 TA15/5A06Al 接头中部 Ti 与 Al 反应时间较短，故形成的界面反应层厚度较小。在显微硬度测试过程中，界面反应层对钛合金 HAZ 受压时塑性变形影响较小，故不能反映界面反应层的真实显微硬度。

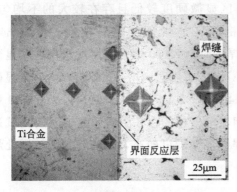

(a) 显微硬度压痕

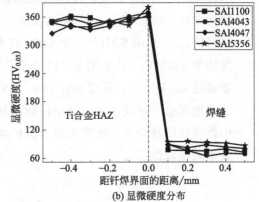

(b) 显微硬度分布

图 3-28　Ti/Al 钎焊界面附近显微硬度分布

## 3.3.2　接头的强度

采用 SAl4043、SAl4047 两种合金焊丝时，TA15/2024Al 异质氩弧焊接头的抗拉强度见表 3-8。采用 SAl4043 焊丝时，接头的力学性能起伏范围较大，最低抗拉强度约为 74MPa，最高抗拉强度可达约 216MPa。采用 SAl4047 焊丝时，TA15/2024Al 异质接头的力学性能较差，所有试样的抗拉强度均在 80MPa 以下。

拉伸断裂后试样横截面形貌如图 3-29 所示。采用 SAl4043 焊丝时，钛与铝异质合金板形成良好对接，接头变形较小；拉伸后接头多断裂于钛/焊缝界面处；接头断裂于铝合金侧焊接热影响区（HAZ）中时，接头抗拉强度最低，分析认为铝合金 HAZ 组织软化并可能出现了液化裂纹。

采用 SAl4047 焊丝时接头均发生了明显的错边，全部断裂于钛/焊缝界面附近。由于钛合金与焊缝之间主要形成界面结合，界面两侧显微组织相差大，组织过渡急剧；在填丝 GTAW 过程中，钛合金受焊接电弧和熔融焊丝的作用，被加热至高温；Ti 与 Al 发生反应，形成脆性的 Ti-Al 金属间化合物。所以，Ti/Al 过渡区是接头的薄弱部位，拉伸过程中最容易发生破坏，导致接头断裂。

采用 SAl4047 焊丝时，在正面连接过程中，两侧合金热导率不同，受热不均导致较大的残余应力。在残余应力作用下，两侧合金板发生变形且变形量不同，导致错边。而对接头反面进行连接时采用的焊接热输入比第一次高约 27%，加剧了两侧合金板的变形量，最终接头成形不良。在拉伸试验过程中，Ti/Al 过渡区受力情况复杂，既受到拉伸应力，还受到因错边而导致的剪切应力，故拉伸测试结果代表的是接头受拉伸和剪切共同作用下的混合强度。

表 3-8　TA15/2024Al 异质接头抗拉强度

| 焊丝 | 横截面面积 $S$/mm$^2$ | 焊接热输入 $E$/(kJ/cm) | 峰值拉力 $P_{max}$/kN | 抗拉强度 $\sigma_b$/MPa |
|---|---|---|---|---|
| SAl4043 | 14.8×2.5 | 正面:6.6~7.2<br>反面:6.24~6.81 | 7.649<br>5.376<br>2.629 | 216.22<br>151.56<br>74.22 |
| SAl4047 | 14.8×2.5 | 正面:5.55~6.06<br>反面:7.04~7.68 | 1.277<br>2.717<br>1.543 | 35.90<br>76.91<br>43.68 |

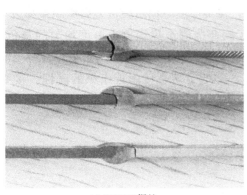

(a) SAl4043焊丝

(b) SAl4047焊丝

图 3-29　拉伸断裂试样

# 3.4　小结

采用 SAl1100、SAl4043、SAl4047 及 SAl5356 四种焊丝对 TA15 钛合金与 2024Al、5A06Al 合金进行 GTAW 连接。铝合金发生局部熔化，形成熔合区；钛合金上表面发生微量熔化形成 Ti/Al 熔合区，其余部位钛与铝通过界面反应形成钎焊界面结合。采用 SAl4043 焊丝获得的 Ti/Al 熔钎焊接头的最高抗拉强度可达约 216MPa，具体分析如下。

① 受焊接热循环的影响，钛合金母材中形成了一定宽度的焊接热影响区（HAZ）。HAZ 粗晶区与细晶区由针状 α' 马氏体、片状 α-Ti 集束与极少量 β-Ti 组成；不完全转化区由片状 α-Ti 集束、块状 α-Ti 与极少量 β-Ti 组成。2024Al 合金 HAZ 中由于强化相的熔解与时效析出，形成了一定宽度的时效软化区。5A06Al 合金 HAZ 中强化相发生了固溶，形成一定宽度的固溶区。

② 采用 SAl1100、SAl4043 及 SAl5356 三种焊丝，靠近钛合金上表面的焊缝中均出现了大量粗大的条块状、骨骼状 $TiAl_3$ 析出相，增加了焊缝组织脆性；焊缝其余部位 $TiAl_3$ 析出相数量较少且尺寸较小。采用 SAl4047 焊丝时，靠近钛合金上表面的焊缝中形成了少量尺寸较小的块状 $TiAl_3$ 析出相；焊缝其余部位仅存在极少量的块状 $TiAl_3$。

③ 采用四种焊丝时，钛合金上表面均发生了微量熔化，形成了一定厚度的 Ti/Al 熔合区。采用 SAl4047 焊丝时，熔合区平均厚度在 $10\mu m$ 左右，未发现显微裂纹的存在；其他位置钛合金与焊缝通过固-液界面反应，形成了一定厚度的钎焊界面反应层。采用 SAl1100、SAl4043 及 SAl5356 焊丝时熔合区厚度较大，内部还存在少量焊接裂纹。采用 SAl4047 焊丝时，接头厚度方向 Ti/Al 过渡区显微组织差异相对较小；采用其余三种焊丝时，接头厚度方向过渡区显微组织差异较大。

④ 采用 SAl4047 焊丝时，熔合区钛合金侧至焊缝侧由厚度均匀的灰色薄层、具有大量颗粒的反应层及块状反应层组成。大部分熔化的 Ti 与 Al、Si 等反应，在焊缝中形成弥散分布的 $TiAl_3$ 析出相，降低了熔合区附近组织的脆性。接头其他部位 Ti/Al 钎焊界面由钛合金侧至焊缝侧依次形成了暗色的薄层与锯齿状反应层两层结构。

# 第4章
# 钛/铝熔化极氩弧焊

本章内容主要包括两部分。第一部分首先采用 SAl4043 焊丝对不开坡口的俄制 RuTi/1060Al 进行脉冲熔化极氩弧焊（P-GMAW）对接试验，分析焊接热输入对焊接区显微组织特征的影响。鉴于不开坡口焊接时钛侧出现未焊透和界面结合不良的情况，第二部分采用液态金属流动性较大的 SAl4047 焊丝对钛单侧开坡口的 TC4/5A06Al 进行 P-GMAW 对接，研究焊接接头的宏观成形和焊接区显微组织特征，对其重点进行接头厚度方向 Ti/Al 过渡区组织特性分析，研究接头厚度方向过渡区组织分布特点。最后，选择获得成形完整的 Ti/Al 接头并进行拉伸力学性能测试，评估 Ti/Al 熔化极氩弧焊接头的可靠性。

## 4.1 钛/铝无坡口熔化极氩弧焊

### 4.1.1 焊接工艺及参数

#### 4.1.1.1 焊材选用

#### (1) 母材选用

采用俄制 RuTi（Ti-2Al-1.5Mn）钛板与经轧制后退火处理的工业纯铝 1060Al 进行脉冲熔化极氩弧焊（P-GMAW）。RuTi 钛试板尺寸为 12mm×30mm×1.5mm，是一种低合金化的近 α 型钛合金，其化学成分与主要热物理、力学性能如表 4-1 所

表 4-1　RuTi 钛合金化学成分、热物理及力学性能[2]

| 化学成分质量分数/% | | | |
|---|---|---|---|
| Ti | Al | Mn | 其他 |
| 余量 | 1.00~2.50 | 0.70~2.00 | ≤0.40 |
| 主要热物理性能及力学性能 | | | | | | |
| 密度 $\rho/(g/cm^3)$ | 弹性模量 $E/GPa$ | 线胀系数 $\alpha/10^{-6}K^{-1}$ | 热导率 $k/[W/(m \cdot K)]$ | 泊松比 $\nu$ | 抗拉强度 $\sigma_m/MPa$ | 屈服强度 $\sigma_{0.2}/MPa$ |
| 4.55 | 127.00 | — | — | — | 590.00~735.00 | 460.00 |

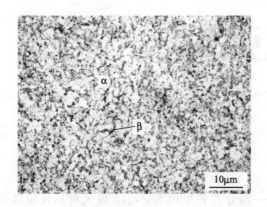

图 4-1 RuTi 钛合金母材显微组织

示，α 稳定元素 Al 含量约为 2%，共析型 β 稳定元素 Mn 含量约为 1.5%；合金 Al 当量为 3.0%，Mo 当量为 2.5%。RuTi 钛合金显微组织如图 4-1 所示，由尺寸较大的等轴 α 相及弥散分布的细小颗粒状 β 相组成。合金具有良好的焊接性和热稳定性，可在 350℃ 长时间进行工作。在航空航天发动机结构中，主要用于制造形状复杂、强度要求不高的焊接部件（如壳体、隔热罩等）；在某型号战斗机中 RuTi 钛合金单体用量达 230kg，主要用于机尾整流罩、机身蒙皮和外侧壁板等[2]。

1060Al 名义化学成分见表 4-2[107]。工业纯铝表面在空气中能够形成一层致密的氧化膜，阻止铝的进一步氧化腐蚀，所以 1060Al 具有良好的耐腐蚀性能，故常用于民用船舶及化工设备的非承力、耐腐蚀部件。1060Al 母材显微组织如图 4-2 所示，由均匀的等轴 α-Al 晶粒组成。

表 4-2  1060Al 名义化学成分[107]　　　　　　　　　　单位:%

| Al | Si | Fe | Cu | Mn | Mg | Zn | Ti | V | 其他 |
|---|---|---|---|---|---|---|---|---|---|
| 99.60 | ≤0.25 | ≤0.35 | ≤0.05 | ≤0.03 | ≤0.03 | ≤0.05 | ≤0.03 | ≤0.05 | ≤0.03 |

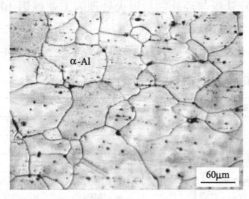

图 4-2  1060Al 母材显微组织

**（2）合金焊丝及保护气体**

为分析焊接热输入对 Ti/Al 异质接头显微组织的影响，采用直径为 $\phi 1.2mm$ 的 SAl4043 焊丝针对 RuTi/1060Al 进行 P-GMAW 连接。焊接时采用正、反双面工业纯氩（Ar，99.9%）保护，Ar 流量为 14～16 L/min。

### 4.1.1.2 焊接工艺设计

采用弱碱溶液清洗 RuTi 钛合金、1060Al 试板表面的油污；采用金相砂纸打磨试板表面的氧化膜，最后用无水乙醇清洗风干待焊。采用福尼斯 TPS（trans puls synergic）4000 CMT 型全数字化脉冲熔化极氩弧焊设备在室温条件下进行 RuTi/1060Al 异质合金的 P-GMAW 试验；采用福尼斯 VR4000 自动送丝机构送进合金焊丝，焊接设备如图 4-3(a) 所示。试验采用焊前不预热、焊后空冷的窄间隙对接工艺，见图 4-3(b)。为保证焊接过程的稳定性，在焊缝前后加引弧板与收弧板；焊丝干伸长为 12mm。P-GMAW 工艺参数见表 4-3[115]。

(a) P-GMAW设备

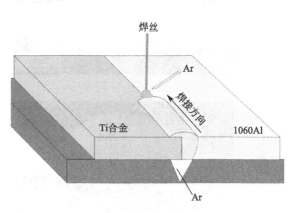

(b) P-GMAW试验示意图

图 4-3 P-GMAW 连接设备及工艺示意图

**表 4-3 P-GMAW 工艺参数[115]**

| 基值电流 $I_b$/A | 峰值电流 $I_p$/A | 脉冲频率 $f$/Hz | 占空比 /% | 电弧电压 $U$/V | 送丝速率 $v_1$/(m/min) | 焊接速率 $v$/(m/min) | 焊接热输入 $E$/(kJ/cm) |
|---|---|---|---|---|---|---|---|
| 25～40 | 210～230 | 57 | 8.5 | 14.2 | 2.2 | 2.0 | 1.68～1.77 |
| 25～40 | 210～230 | 57 | 9.7 | 14.8 | 2.2 | 2.0 | 1.83～1.91 |

| 基值电流 $I_b$/A | 峰值电流 $I_p$/A | 脉冲频率 $f$/Hz | 占空比 /% | 电弧电压 U/V | 送丝速率 $v_1$/(m/min) | 焊接速率 $v$/(m/min) | 焊接热输入 $E$/(kJ/cm) |
|---|---|---|---|---|---|---|---|
| 25~40 | 210~230 | 57 | 11.4 | 14.4 | 2.2 | 2.0 | 1.9~1.99 |
| 25~40 | 210~230 | 57 | 12.0 | 15.2 | 2.2 | 2.0 | 2.05~2.14 |

### 4.1.1.3 焊接接头成形

采用 Al-Si 焊丝可以减少接头中脆性金属间化合物的形成。但由于 RuTi 钛合金、1060Al 板材厚度较小（1.5mm），Si 元素的过量加入会引起焊缝组织脆性增大，不利于接头的性能，故采用 SAl4043 焊丝进行 RuTi 钛合金与 1060Al 的 P-GMAW 连接。为避免钛合金熔化，应采用熔焊铝合金常用的 P-GMAW 工艺参数。

焊后 Ti/Al 接头成形如图 4-4 所示。由于采用不开坡口的窄间隙对接方式，而且电弧略向钛合金侧偏移，因此在四种焊接热输入条件下 Ti/Al 接头均未焊透；1060Al 母材发生局部熔化，并与熔融的液态焊丝充分混合，形成了过渡良好的熔合区；钛合金上表面与焊缝形成明显的界面结合。

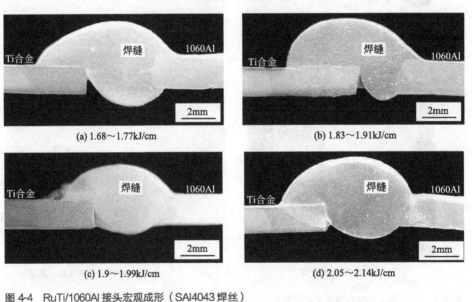

(a) 1.68~1.77kJ/cm      (b) 1.83~1.91kJ/cm

(c) 1.9~1.99kJ/cm      (d) 2.05~2.14kJ/cm

图 4-4　RuTi/1060Al 接头宏观成形（SAl4043 焊丝）

为了分析不同氩弧焊方法的 Ti/Al 异质合金熔钎焊接头显微组织特征，应寻找不同 Ti/Al 熔钎焊时接头组织的共性特征，便于分析 Ti/Al 异质合金的氩弧焊结合机制。因此，试验采用 Al-Si 系焊丝，在不同焊接热输入条件下针对 RuTi (Ti-2Al-1.5Mn) 钛合金与工业纯铝 1060Al 异质合金进行脉冲熔化极氩弧焊（P-GMAW）连接，与 TA15/2024Al 的 P-GTAW 熔钎焊接头进行组织对比。采用 P-GMAW 针对厚度较小的 Ti/Al 异质合金板进行连接时，接头经历的焊接热循环与填丝 GTAW 工艺差别较大，故分别进行分析。

在 P-GMAW 过程中，受焊缝传热作用，两侧近缝区母材发生固态组织转变；熔融的焊丝与局部熔化的铝母材混合冷却凝固后形成焊缝。铝侧形成了组织过渡良好的熔合区；钛合金与液态金属通过冶金反应形成复杂的过渡区。可将 Ti/Al 接头划分为铝侧焊接热影响区（HAZ）、钛侧 HAZ、焊缝、铝侧熔合区、Ti/Al 过渡区五个特征区域。由于 1060Al 是一种工业纯铝，在 P-GMAW 连接过程中，受焊接热循环的影响，铝侧 HAZ 的 α-Al 晶粒仅发生过热长大，并未发生其他明显的组织转变过程，故不再进行详细讨论。对其余四个特征区域还应进行显微组织分析。

可采用光学显微镜（OM）、扫描电子显微镜（SEM）针对 Ti/Al 异质 P-GMAW 接头宏观成形及显微组织特征进行分析，研究焊接热输入对接头组织特征的影响；采用能量分散谱仪（EDS）对特征组织的化学成分进行测定，分析其组织组成；采用显微硬度计对接头特征区域的显微硬度分布进行测试，研究焊接热输入对接头显微硬度分布的影响。

## 4.1.2　焊接接头组织特征

### 4.1.2.1　焊接热影响区

1060Al 是具有 α-Al 晶粒组织的工业纯铝，在 P-GMAW 过程中焊接热影响区仅发生了过热晶粒的长大，组织特性和综合力学性能变化不太明显，在此不进行详细讨论。

由于焊接时电弧偏向于钛合金侧，在焊接电弧和熔融液态金属的传热作用下，近缝区钛合金被加热至较高温度发生了固态相变，形成一定宽度的焊接热影响区（HAZ）。根据组织特性和晶粒尺寸将 HAZ 分为粗晶区、细晶区以及不完全转化区，如图 4-5 所示。

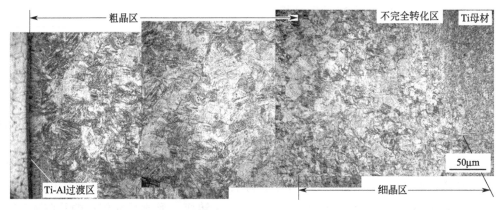

图 4-5　RuTi 钛合金焊接热影响区低倍组织

靠近焊缝的钛合金 HAZ 粗晶区主要由粗大的针状 α′ 马氏体组成，其间含有少量片状 α-Ti 集束，见图 4-6(a)。距离焊缝较远的细晶区则主要由尺寸较大的片状 α-Ti 集束组成，其间含有少量尺寸较小的针状 α′ 马氏体；原始 β-Ti 晶界明显，见图 4-6(b)。介于 HAZ 细晶区与钛母材之间的不完全转化区主要由尺寸较小的片状 α-Ti 集束以及未发生转变的块状 α-Ti 组成；其中也存在少量晶界 β-Ti，见图 4-6(c)。

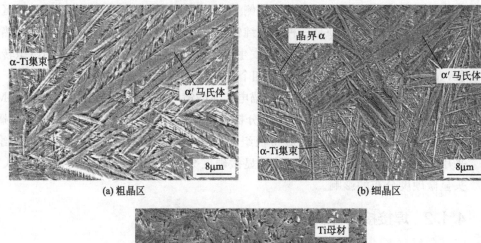

(a) 粗晶区　　　　　　　　　　　　　　(b) 细晶区

(c) 不完全转化区

图 4-6　RuTi 钛合金焊接热影响区显微组织

　　RuTi 钛合金中含有约 1.5% 的 β-Ti 共析型合金元素 Mn。Mn 的加入可显著降低 α→β 转变温度。在 P-GMAW 过程中，近缝区钛母材经历焊接热循环峰值温度较高，被加热至 α→β 温度以上，α-Ti 转变为粗大的 β-Ti。焊后 HAZ 沿图 4-7 所示路径 1 快速冷却时，Mn 的存在阻碍了 β→α 转变，β-Ti 发生切变重构形成 α′ 马氏体[109,110]。由于 Mn 对 β→α 转变阻碍作用较大，HAZ 粗晶区形成大量 α′ 马氏体，少部分 β-Ti 转变为片状 α-Ti 集束。HAZ 细晶区经历的焊接热循环峰值温度相对较低，形成的 β-Ti 晶粒尺寸较小。焊后冷却过程中受粗晶区传热作用，冷却速率相对较小。所以，细晶区大部分发生 β→α 转变，形成尺寸较小的片状 α-Ti 集束，少量 β-Ti 转变为针状 α′ 马氏体。远离焊缝的钛合金 HAZ 经历的焊接热循环峰值

温度略高于 α→β 转变温度。由于钛合金自身传热作用，只有部分 α-Ti 转变为小尺寸的 β-Ti。受粗、细晶区的传热作用，该区域冷却速率较小。焊后 β-Ti 全部发生 β→α 转变，形成短小的片状 α-Ti 集束。剩余部分 α-Ti 晶粒仅受热发生长大，形成较大块状的 α-Ti。

虽然钛合金中 Mn 的含量未达到保持 β-Ti 至室温的临界浓度 $C_0$（6.5%），但由于 HAZ 冷却速率较大，α→β 转变温度较低且合金内部存在成分不均匀性，局部微区 Mn 的含量可能超过其临界浓度 $C_0$。HAZ 中少量高温 β-Ti 被保持至室温，即钛合金侧 HAZ 中也应含有一定量的 β-Ti[111]。

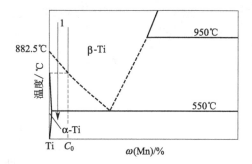

图 4-7　Ti-Mn 二元亚稳态相图[39]

### 4.1.2.2　铝侧熔合区

在 P-GMAW 过程中，由于 1060Al 母材的快速传热作用，熔合区内靠近铝侧的 α-Al 晶粒只发生了部分熔化，形成一定宽度的半熔化区。半熔化区主要由 α-Al 晶粒组成，其化学成分基本保持了原有母材的水平。熔合区靠近焊缝的部分金属液态下温度梯度较大，受其影响形成了一定宽度的柱状晶区，柱状晶区由粗大的柱状 α-Al 晶粒及晶界 Al＋Si 共晶组织组成，如图 4-8 所示[116]。1060Al 侧熔合区组织过渡良好，附近未发现气孔、裂纹等显微缺陷，说明铝母材与焊缝之间形成了良好的熔焊结合。

在四种不同焊接热输入条件下，Ti/Al 接头中相近位置的铝侧熔合区显微组织如图 4-9 所示。在四种焊接热输入条件下，熔合区显微组织类型随着焊接热输入变化并未产生明显的改变；熔合区附近焊缝中均存在少量的 "H" 形或者棒状 TiAl₃ 析出相。

焊接热输入在 1.68～1.91kJ/cm 范围内时，铝侧熔合区宽度较小，柱状晶区 α-Al 晶粒尺寸与焊缝内部 α-Al 晶粒大小相近，如图 4-9(a)、（b）所示。随着焊接热输入的增大，熔合区宽度逐渐增大，尤其是柱状晶区 α-Al 晶粒尺寸显著增大。焊接热输入在 2.05～2.14kJ/cm 范围时，柱状晶区形成了长宽比较大的柱状 α-Al 晶粒，如图 4-9 （d）所示。分析认为，随着焊接热输入的增大，靠近铝侧液态熔池中的温度梯度比热输入较小时大，导致在焊后冷却凝固过程中，该区 α-Al 晶粒沿温度梯度方向快速生长，形成长宽比较大的晶粒组织。

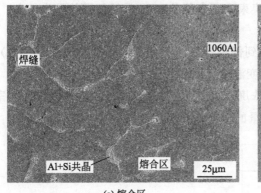

(a) 熔合区  (b) Al+Si共晶

图 4-8　1060Al 侧熔合区显微组织

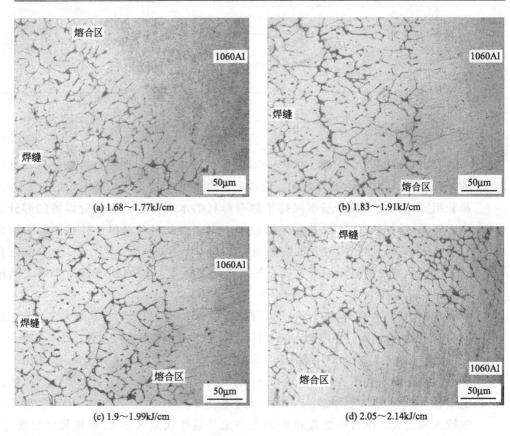

(a) 1.68～1.77kJ/cm  (b) 1.83～1.91kJ/cm

(c) 1.9～1.99kJ/cm  (d) 2.05～2.14kJ/cm

图 4-9　不同焊接热输入时 1060Al 侧熔合区显微组织

### 4.1.2.3 焊缝

#### (1) 接头中部焊缝组织

在四种焊接热输入获得的 RuTi/1060Al 接头焊缝中部选择相同位置进行显微组织分析，如图 4-10 所示。四种焊缝均由粗大的 α-Al 树枝晶及晶界 Al＋Si 共晶组织组成。在热输入为 1.68～1.99kJ/cm 范围内时，α-Al 晶粒随着焊接热输入的增大呈逐渐增大的趋势；焊缝中存在极少量的"H"形析出相。而当焊接热输入达到 2.05～2.14kJ/cm 时，焊缝中出现了大量弥散分布的棒状或"H"形析出相；焊缝由相对细小的 α-Al 等轴晶及晶界 Al＋Si 共晶组织组成，见图 4-11。对四个接头中的析出相进行 EDS 元素分析，Ti∶Al 原子比约为 1∶3，可知析出相均为金属间化合物 $TiAl_3$。

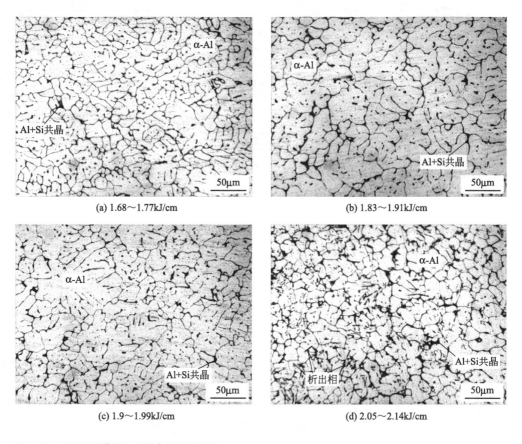

(a) 1.68～1.77kJ/cm          (b) 1.83～1.91kJ/cm

(c) 1.9～1.99kJ/cm          (d) 2.05～2.14kJ/cm

图 4-10　不同焊接热输入焊缝中部显微组织

受到焊接电弧和熔融焊丝的共同加热作用，钛合金表面发生了熔解；Ti 是活性元素，高温下易发生扩散。Ti 元素经由固-液界面熔解扩散至液态金属中。Ti 与 Al 在高温下进行反应，形成 TiAl₃。在 P-GMAW 过程中，液态金属是快速流动的，将形成的 TiAl₃ 带至焊缝中部，形成图 4-11 所示的析出相。

焊缝的凝固过程受不同焊接热输入的影响，经历的焊接热循环不同。焊接热输入相对较小时，焊缝热循环峰值温度低，降温速率较大，α-Al 生长时间较短，故形成的晶粒尺寸较小；采用较大焊接热输入时，焊缝热循环峰值温度较高，焊后降温速率相对较小，α-Al 生长时间较长，故形成的晶粒尺寸较大。当焊接热输入达 2.05～2.14kJ/cm 时，钛大量熔解、扩散，在焊缝中形成了大量的 TiAl₃ 析出相。析出相为熔池的凝固提供了异质形核的条件，液态金属依附于析出相快速凝固生长。由于 TiAl₃ 数量多，α-Al 形核数量多，因此在相同的体积内 α-Al 相互限制生长，形成图 4-10(d) 所示细小的等轴晶。

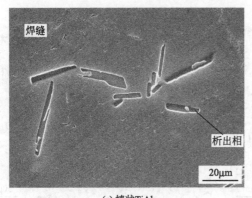

(a) 棒状TiAl₃

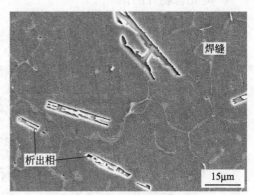

(b) "H" 形TiAl₃

图 4-11 焊缝中部析出相显微组织

### (2) 近 RuTi 钛侧焊缝组织

由于在 P-GMAW 过程中，钛向焊缝中发生了一定的熔解和扩散，因此必然影响 Ti/Al 过渡区附近焊缝的显微组织。在四种接头钛合金上表面电弧直接加热的区域选取相同位置对过渡区附近焊缝进行显微组织分析，如图 4-12 所示。虽然焊缝基体组织仍主要由 α-Al 及晶界 Al+Si 共晶组织组成，但过渡区附近焊缝与接头中部焊缝组织存在明显差异。

焊接热输入对焊缝显微组织具有明显影响。当焊接热输入为 1.68～1.77kJ/cm 时，界面附近的焊缝由尺寸较小的 α-Al 等轴晶组成，晶内弥散分布有大量的短棒状或者颗粒状 TiAl₃ 析出相，见图 4-12（a）。焊接热输入在 1.83～1.99kJ/cm 范围内时，焊缝由粗大的 α-Al 树枝晶组成，其中零散分布着少量尺寸较大的 "H"

形或条状 TiAl$_3$ 析出相，见图 4-12(b)、(c)。当焊接热输入达到 2.05～2.14kJ/cm 时，Ti/Al 过渡区附近焊缝由相对细小的 α-Al 等轴晶组成；焊缝中存在粗大的条状、骨骼状的 TiAl$_3$ 析出相且析出相的长度方向基本垂直于 Ti/Al 过渡区，见图 4-12(d)。

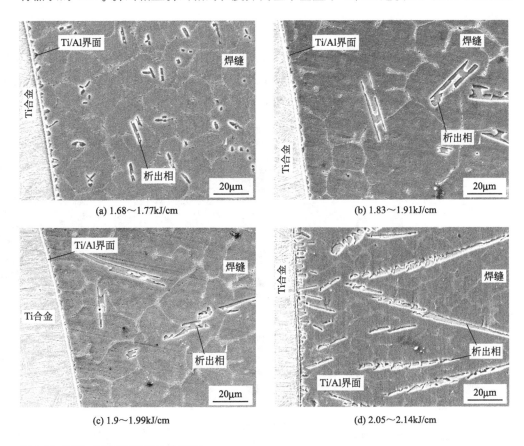

图 4-12　Ti/Al 过渡区附近焊缝显微组织

在 P-GMAW 过程中，采用较小的焊接热输入时（1.68～1.77kJ/cm），向液态金属中熔解扩散的 Ti 元素较少；熔池峰值温度较低，冷却速率较大；Ti 与 Al 反应时间短，形成的 TiAl$_3$ 尺寸较小。小尺寸的 TiAl$_3$ 为液态金属凝固提供了大量形核质点，使焊缝晶粒数量增大而尺寸减小，细化了焊缝组织。随着焊接热输入的增大（1.83～1.99kJ/cm），熔解、扩散至液态金属中的 Ti 增多；熔池峰值温度较高，焊后冷却速率相对较小；Ti 与 Al 的反应时间较长，TiAl$_3$ 迅速生长形成较大尺寸的"H"状或条状析出相。TiAl$_3$ 尺寸较大，丧失了对焊缝金属的细化作用，α-Al 生长形成粗大的树枝晶。进一步增大焊接热输入（2.05～2.14kJ/cm），熔池峰值温度继续增大，导致更多的 Ti 熔解扩散至液态金属中，Ti 与 Al 的反应时间继续延长，形成粗大的 TiAl$_3$ 析出相。由于固态钛合金温度相对较低，Ti/Al

过渡区附近液态金属中存在较大的温度梯度。受温度梯度和 Ti 扩散的驱使，TiAl₃ 垂直于固-液界面方向迅速生长，形成图 4-12(d) 所示基本垂直于过渡区的粗大的条状、骨骼状析出相。

#### 4.1.2.4　钛/铝结合区

焊接热输入不同，Ti/Al 过渡区经历的焊接热循环不同，则 Ti 与 Al 的反应存在差异。在不同焊接热输入的接头钛合金上表面电弧加热中心区域选择相同位置对 Ti/Al 过渡区进行显微组织分析，结果如图 4-13 所示。

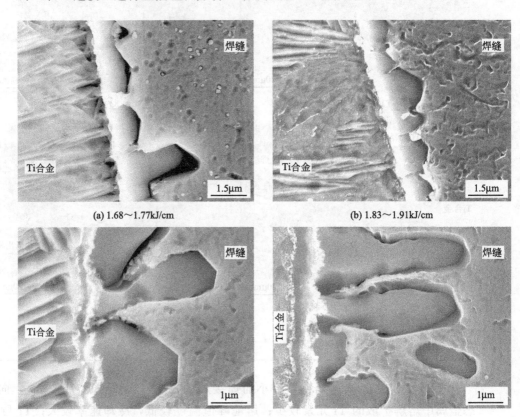

(a) 1.68～1.77kJ/cm　　　　　　　　(b) 1.83～1.91kJ/cm

(c) 1.9～1.99kJ/cm　　　　　　　　(d) 2.05～2.14kJ/cm

图 4-13　不同焊接热输入 Ti/Al 过渡区显微组织

与 TA15/2024Al 填丝 GTAW 熔钎焊接头相比，在四种焊接热输入条件下，钛合金均未发生熔化，与焊缝之间形成了不同形态的界面反应层，形成钎焊界面结合；界面附近均未发现气孔、裂纹等缺陷。当焊接热输入在 1.68～1.91kJ/cm 范围内时，界面处形成了一层锯齿状的反应层，其平均厚度约为 1.0 μm，如图 4-13（a）、（b）所示。当焊接热输入增大至 1.9～1.99kJ/cm 时，钎焊界面处由钛合金侧至焊缝侧依次形成了厚度均匀的暗色薄层、颗粒状亮色层以及芽状暗色层三个反应层；界面反应层的总厚度为 $2\sim3~\mu m$，见图 4-13（c）。当焊接热输入为 $2.05\sim2.14kJ/cm$ 时，由钛合金侧至焊缝侧也形成了厚度均匀的暗色薄层、颗粒状亮色层以及芽状暗色层三层结构，各层的平均厚度均有所增大；界面反应层的总厚度增大至约 $5~\mu m$，见图 4-13（d）[117,118]。当焊接热输入为 $1.9\sim2.14kJ/cm$ 时，Ti/Al 过渡区显微组织与采用 Al-Si 焊丝的 TA15/2024Al GTAW 熔钎焊接头钎焊结合区相似，说明对不同的钛、铝合金进行熔钎焊时，Ti/Al 过渡区组织具有一定的共性特征。

由于熔焊铝合金时常采用焊接热输入，可使钛合金侧经历的焊接热循环峰值温度未达到其熔化温度。故连接过程中钛合金一直处于固态并与熔融的液态金属形成固-液界面。界面处 Ti、Al、Si 等元素间发生相互扩散。由于固-液界面具有较高的界面能，为了降低体系能量，Ti 与 Si 向界面处扩散聚集并达到冶金反应浓度，通过发生冶金反应形成界面反应层。当焊接热输入较小时（$E=1.68\sim1.91kJ/cm$），Ti/Al 界面经历的焊接热循环峰值温度较低，焊后冷却速率较大，熔池高温停留时间较短；扩散至界面处的 Ti、Si 元素含量较少且冶金反应时间较短，形成的界面反应层厚度较小。由于液态金属中 Si 含量较低（≤5%），根据 Ti-Al 二元合金相图（图 1-15）[39]，界面处形成的主要是 Ti-Al 金属间化合物。Ti-Al 金属间化合物有其固定的晶体结构，沿其最大密排方向优先生长，形成图 4-13（a）、（b）中所示的锯齿状反应层。

增大焊接热输入（$E=1.9\sim1.99kJ/cm$），Ti/Al 界面经历的焊接热循环峰值温度提高，熔池高温停留时间延长；扩散至界面处的 Ti、Si 元素增多，冶金反应时间变长，形成的界面反应层厚度有所增大。焊接热循环峰值温度的提高为 Ti、Al、Si 之间多种冶金反应提供了必需的能量，界面处发生多个反应形成图 4-13（c）中所示的三层结构。继续增大焊接热输入（$E=2.05\sim2.14kJ/cm$），Ti/Al 界面经历的焊接热循环峰值温度继续提高，固-液界面附近存在很大的温度梯度。Ti-Al 金属间化合物形核后优先沿温度梯度方向生长，形成图 4-13（d）中所示的垂直于 Ti/Al 界面的芽状结构。

### 4.1.3　焊接接头显微硬度

**（1）铝侧熔合区附近**

由于 1060Al 硬度较小，在对四种焊接热输入条件下铝侧熔合区附近显微硬度分布进行测试时，每两个压痕之间的距离为 $100~\mu m$。为了提高测试的精度，在熔合区内选择三处位置进行测试，取其平均值作为熔合区的显微硬度。铝侧熔合区附近显微硬度分布如图 4-14 所示。焊接热输入不同，并未对熔合区显微硬度分布造成明显影响。1060Al母材由 α-Al 组成，其中合金元素非常少，其显微硬度较小，为 $23\sim30$ $HV_{0.05}$；焊缝由固溶了少量 Si 的 α-Al 晶粒及晶界 Al+Si 共晶组织组成，显微硬度比 1060Al 大，为 $37\sim50$ $HV_{0.05}$。熔合区由焊丝合金及 1060Al 母材熔化混合而成，其中含有少量 Si 元素，故显微硬度介于 1060Al 与焊缝之间；四种接头熔合区组织类型相同，故其显微硬度接近，均在 $35\sim40$ $HV_{0.05}$ 范围内。

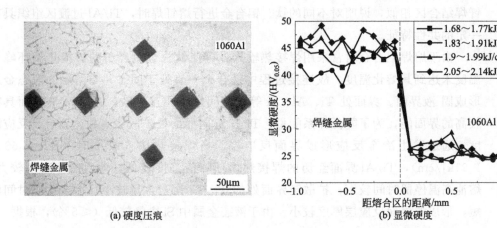

(a) 硬度压痕        (b) 显微硬度

图 4-14　1060Al 侧熔合区附近显微硬度分布

　　分析认为，在 P-GMAW 过程中，受液态金属的加热作用，1060Al 侧近缝区母材被加热至熔化温度以下的高温，α-Al 发生长大，但基本元素并未发生改变，故 HAZ 显微硬度与原铝母材相近。靠近熔合区的焊缝受到熔化铝母材的稀释作用，Si 元素的固溶强化作用被削弱，所以铝侧焊缝的显微硬度值较 TA15/2024Al、TA15/5A06Al 接头小。熔合区由局部熔化的铝母材与液态焊丝金属混合反应形成，故显微硬度介于两侧组织的硬度之间。

**(2) 钛/铝结合区附近**

　　对 Ti/Al 过渡区附近显微硬度分布进行测试，由于四种焊接热输入获得的 Ti/Al 界面反应层厚度较小（均小于 10 μm），因此仅对其紧邻的钛合金 HAZ 进行测试来侧面反映界面反应层的显微硬度。为了提高测试精确性，在界面反应层附近钛合金中选取三处位置进行测试 [图 4-15 （a）]，取其平均值作为显微硬度。显微硬度分布如图 4-15 （b） 所示。同样的，由于各试样测试路径相同但并非一条直线，测试结果只能粗略表达各焊接热输入钛合金 HAZ 的宽度变化，不能表示其具体宽度值。

　　随着焊接热输入增大，钛合金 HAZ 的宽度逐渐增大。钛母材的显微硬度为

$200 \sim 210 \ HV_{0.05}$。钛合金 HAZ 内显微硬度分布不均匀,细晶区及不完全转化区显微硬度为 $220 \sim 240 \ HV_{0.05}$;粗晶区显微硬度略高且起伏较大,为 $230 \sim 270$ $HV_{0.05}$。焊缝的显微硬度为 $40 \sim 60 \ HV_{0.05}$。当焊接热输入在 $1.68 \sim 1.91 kJ/cm$ 范围内时,紧邻界面反应层 HAZ 的显微硬度与粗晶区接近,为 $230 \sim 240 \ HV_{0.05}$;当焊接热输入为 $1.9 \sim 1.99 kJ/cm$ 时,该处显微硬度增大至约 $270 \ HV_{0.05}$;当焊接热输入增大至 $2.05 \sim 2.14 kJ/cm$ 时,显微硬度增大至约 $283 \ HV_{0.05}$。

HAZ 细晶区主要由片状 α 集束及少量的针状 α′ 马氏体组成;HAZ 粗晶区主要由针状 α′ 马氏体及少量片状 α 集束组成。细晶区 α′ 马氏体含量较小,所以显微硬度略低;粗晶区 α′ 马氏体含量较大,所以显微硬度较高。

当焊接热输入较低时($E = 1.68 \sim 1.91 kJ/cm$),紧邻界面反应层的钛合金 HAZ 显微硬度与粗晶区其他位置接近,说明扩散至钛中的 Al 虽然形成了一定的固溶强化,但强化作用较小;钎焊界面处形成的反应层厚度较小,对其紧邻的 HAZ 显微硬度影响也很小。随着焊接热输入增大,界面附近的 HAZ 显微硬度明显增大,说明除了扩散 Al 的固溶强化作用,硬度较大的界面反应层阻碍了钛合金的塑性变形,影响了其附近 HAZ 的显微硬度。

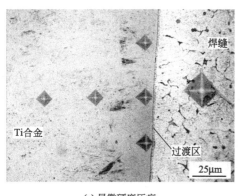

(a) 显微硬度压痕

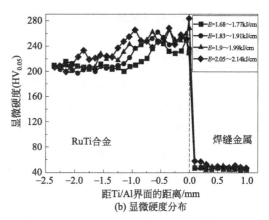

(b) 显微硬度分布

图 4-15　不同焊接热输入 Ti/Al 过渡区附近显微硬度分布

## 4.1.4　小结

为填充 SAl4043 焊丝,应采用不同的焊接热输入并针对 RuTi/1060Al 异质合金进行脉冲熔化极氩弧焊(P-GMAW)连接。1060Al 发生了局部熔化,可与液态焊丝金属混合形成熔合区;钛合金未发生熔化,可通过与焊缝的固-液界面反应形成钎焊结合,具体分析如下。

① 钛合金侧受焊接热循环的影响形成一定宽度的焊接热影响区(HAZ)。

HAZ 粗晶区与细晶区均由针状 α′ 马氏体、片状 α-Ti 集束与少量 β-Ti 组成；不完全转化区由片状 α-Ti 集束、块状 α-Ti 与少量 β-Ti 组成。

② 在所有焊接热输入条件下，焊缝中均出现了一定量的 TiAl₃ 析出相。靠近钛合金侧焊缝中析出相数量多且尺寸较大；其他位置焊缝析出相数量少且尺寸较小。当焊接热输入较小时，TiAl₃ 呈较小的颗粒状或短棒状；增大焊接热输入，焊缝中 TiAl₃ 数量有所减少但尺寸明显增大且主要呈 "H" 形棒状结构。继续增大焊接热输入，焊缝中形成基本垂直于 Ti/Al 过渡区的粗大条状、骨骼状 TiAl₃。

③ 在所有焊接热输入条件下，钛合金与焊缝通过界面反应均形成了一定厚度的界面反应层。当热输入较小时，界面反应层为较薄的锯齿状结构。当焊接热输入较大时，界面反应层由钛合金侧至焊缝侧依次分为厚度均匀的薄层、颗粒状层及锯齿状层三层结构。

# 4.2 钛/铝开坡口熔化极氩弧焊

## 4.2.1 焊接工艺及参数

### 4.2.1.1 焊材选用

**(1) 母材选用**

试验母材选用工程上应用最多的 TC4（Ti-6Al-4V）钛合金和 5A06 铝合金板材，试板尺寸均为 150mm×100mm×2.5mm。5A06 铝合金在第 3 章已有所述，此处不再重复。

TC4 是一种 α+β 型钛合金，微观组织如图 4-16 所示，主要呈网篮状组织，是由尺寸较大的等轴 α 相及其间分布的条状 β 相组成；其化学成分、热物理及力学性

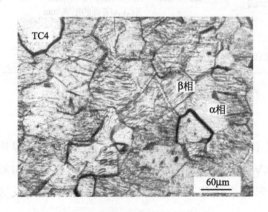

图 4-16　试验用 TC4 钛合金显微组织

能见表 4-4。TC4 钛合金有良好的组织稳定性、耐蚀性、蠕变能力和热稳定性；适于制造服役温度在 $-196\sim450℃$ 范围的各种零部件。其在航空航天、石油化工、造船、汽车、医药等部门都得到了广泛应用[1]。

表 4-4　TC4 钛合金化学成分、热物理及力学性能[2]

| 化学成分质量分数/% | | | | | | | |
| --- | --- | --- | --- | --- | --- | --- | --- |
| Ti | Fe | C | N | H | O | Al | V |
| 余量 | ≤0.30 | ≤0.10 | ≤0.05 | 0.015 | ≤0.20 | 5.5~6.8 | 3.5~4.5 |

| 主要热物理性能及力学性能 | | | | | | |
| --- | --- | --- | --- | --- | --- | --- |
| 密度 $\rho/(g/cm^3)$ | 弹性模量 $E/GPa$ | 线胀系数 $\alpha/10^{-6}K^{-1}$ | 热导率 $\kappa/[W/(m\cdot K)]$ | 泊松比 $\upsilon$ | 抗拉强度 $\sigma_m/MPa$ | 屈服强度 $\sigma_{0.2}/MPa$ |
| 4.51 | 110.00 | 8.6 | 7.955 | 0.34 | ≥895 | ≥825 |

### (2) 合金焊丝及保护气体

结合先前研究对比，当采用液态流动性较高的 Al-Si 焊丝时，Ti/Al 接头成形和界面特性相对较好，此次研究采用加拿大 Gulf 铝基 SAl4043（Al-Si5）合金焊丝，直径为 $\phi1.2mm$。焊接工艺采用工业高纯氩气（99.99%）进行保护，气体流量为 16 L/min。

#### 4.2.1.2　焊接工艺设计

钛合金与铝合金在高温下均极易氧化，焊前应进行严格清理。TC4 钛合金焊前清理流程见图 4-17。5A06Al 焊前清理流程见表 4-5。钛合金和铝合金的化学活性都比较大，清洗完毕后，应尽快进行焊接，尽可能地避免在表面重新形成氧化膜，对焊接过程不利。在试验中，试板清理后 20h 内应完成焊接，否则需要重新清洗。

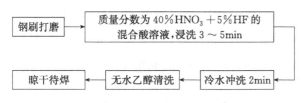

图 4-17　TC4 钛合金焊前清理流程

表 4-5　5A06Al 焊前清理流程

| 处理步骤 | 清洗液 | 作用 |
| --- | --- | --- |
| 碱洗 | 40~70℃的质量分数为 6%~10%的 NaOH 溶液,浸泡 2min | 去除表面致密的氧化膜 |

| 处理步骤 | 清洗液 | 作用 |
|---|---|---|
| 中和清洗 | 冷水清洗 2min | 除去碱溶液 |
| | 质量分数为 30% $HNO_3$ 溶液,浸泡 2min | 中和多余的 NaOH 溶液 |
| | 冷水冲洗 2min | 除去酸溶液 |
| 去除水分 | 无水乙醇 | 除去水分,晾干待焊 |

采用日本生产 OTC-DP400 交直流氩弧焊机的直流脉冲(P-MIG)焊接模式,室温下对 TC4/5A06 试板进行熔钎焊连接。焊接工艺设计采用焊前不预热、焊后空冷的平板对接工艺。为增大焊丝金属熔融状态下在钛合金表面的流动铺展能力,在钛合金单侧开 40°~45°坡口,采用高纯氩气(体积分数 99.99%)保护;采用 OTC CMA-7401 自动送丝机构送进焊丝,焊丝干伸长为 12 mm,对中焊接。为保证焊接过程的稳定性,在焊缝前后加引弧板与收弧板;P-GMAW 焊接工艺参数见表 4-6。为了便于对比分析,可将试验工艺分为 1~6 组进行编号。

表 4-6　P-GMAW 焊接工艺参数

| 序号 | 平均焊接电流 $I$/A | 平均电弧电压 $U$/V | 焊接速率 $v$/(m/min) | 焊接热输入 $E$/(kJ/cm) |
|---|---|---|---|---|
| 1 | 56~62 | 16.8~17.4 | 0.6 | 0.94~1.08 |
| 2 | 61~65 | 17.7~17.8 | 0.6 | 1.08~1.16 |
| 3 | 62~68 | 17.7~18.4 | 0.6 | 1.10~1.25 |
| 4 | 72~76 | 16.6~17.4 | 0.6 | 1.20~1.32 |
| 5 | 81~85 | 17.5~18.2 | 0.6 | 1.42~1.55 |
| 6 | 89~93 | 16.9~17.9 | 0.6 | 1.50~1.66 |

#### 4.2.1.3　焊接接头成形

在不同焊接热输入的 P-GMAW 工艺下,获得的 Ti/Al 焊接接头宏观成形见表 4-7。

表 4-7　Ti/Al 接头焊缝正、背面成形

| 序号 | 接头宏观成形 |
|---|---|
| 1 | |

| 序号 | 接头宏观成形 |
|------|------|
| 2 | |
| 3 | |
| 4 | |
| 5 | |
| 6 | |

与不开坡口的 RuTi/1060Al GMAW 焊接接头相比，在所有焊接热输入范围内，焊缝正面差异较小，成形良好且尺寸均在 10mm± 2mm 范围内，试板上表面存在少量金属飞溅。在不同焊接热输入条件下，焊缝背面成形差异较大。在 0.94～1.25kJ/cm 焊接热输入范围内，焊缝背面成形较差，存在不连续、未焊透情况；在 1.20～1.66kJ/cm 焊接热输入范围内，焊缝背面成形良好，宽度在 3mm±1mm 范围内。由于焊接过程存在一定的不稳定性，焊接过程中焊接电弧存在偶然的偏吹现象，可导致焊缝局部区域成形与焊接过程稳定时存在差异。

分析认为，当焊接热输入较小时，焊接电弧提供的热能较少，不足以充分焊透接缝处铝合金，加之铝合金传热较快，焊接熔池液态金属最高温度略低，冷凝速率快，导致试板背面焊缝时断时续，成形不良；而当热输入处于合适的范围内时，电弧提供的热能除了能充分熔透铝合金，还可将液态熔池加热至较高温度，提高液态金属的流动性能，利于获得正、背面成形良好的焊缝结构。

分别截取 1、6 组试板焊缝横截面，如图 4-18 所示。在两种焊接热输入条件下，铝合金与焊缝之间形成了过渡良好的熔合区。焊缝形状与钛侧钎焊界面有所差别：当焊接热输入较小时，焊接电弧对接头上部金属加热充足，形成一定宽度的熔池；但由于整体焊接热输入较低，接头中、下部金属受热较少，熔化量小，导致接头厚度方向焊缝体积相差较大，形成了倒三角形的焊缝形状。另外，由于液态金属流动性不足，加之接头根部钛侧钎焊界面结合不足，因此存在未焊透情况。而焊接热输入较大时，电弧推力较大，对焊接熔池的搅拌作用明显，降低接头厚度方向合金熔化量差别，而且接头根部钛合金与焊缝之间也形成了良好的界面结合。

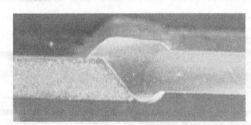 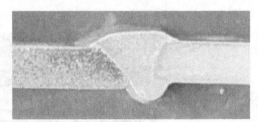

(a) 0.94～1.08kJ/cm      (b) 1.50～1.66kJ/cm

图 4-18　1、6组试验焊缝横截面成形

## 4.2.2　钛/铝结合区组织特征

结合第 3 章内容，在采用 SAl4043 焊丝针对 Ti/5A06Al 焊接接头的填丝 GTAW 氩弧焊研究过程中，对于 5A06Al 焊接热影响区、铝侧熔合区及焊缝显微组织均已做过描述；而对于 TC4 钛合金焊接热影响区显微组织可参考其他书目，

此处不再赘述。本节为在 P-GMAW 工艺下，重点介绍钛/铝结合区显微组织形态。

**(1) 焊接热输入的影响**

根据宏观成形，可将 Ti/Al 接头分为两组，即焊接热输入在 0.94～1.25 kJ/cm 和 1.20～1.66kJ/cm 两组。选取第 3 组（1.10～1.25kJ/cm）、第 5 组（1.42～1.55kJ/cm）接头对接头中上部和根部 Ti/Al 界面进行显微组织对比，结果如图 4-19、图 4-20 所示。

在两种工艺条件下，接头上部钛合金与焊缝之间结合良好，均形成了一层芽状界面反应层。当焊接热输入较低时，界面反应层平均厚度略低，为 1～2 μm；焊接热输入较高时，界面反应层的厚度略有增加，两种界面组织特征差异较小，见图 4-19（a）、图 4-20（a）。当焊接热输入为 1.10～1.25kJ/cm 时，接头根部钛合金与焊缝之间存在锐利的界面，在较小倍数光学显微镜下反映不出界面反应层的厚度信息；部分区域存在结合不良或者未结合现象，如图 4-19（b）所示。当焊接热输入为 1.10～1.25kJ/cm 时，接头根部钛合金与焊缝之间存在锐利的界面，形成的界面反应层厚度很小，未发现结合不良区域，如图 4-20（b）所示。

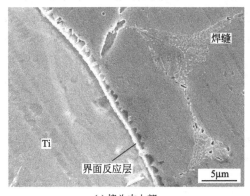

(a) 接头中上部

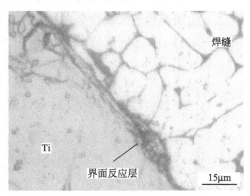

(b) 接头根部

图 4-19　Ti/Al 界面显微组织（$E$=1.10～1.25kJ/cm）

分析认为，焊接热输入大小直接影响焊接过程中 Ti/Al 界面反应进程。焊接时上部 Ti/Al 界面处受焊接电弧的直接加热影响，两种工艺条件下熔池上部液态金属温度相对较高，焊后冷却速率相对较小，铝基液态金属和固态钛合金通过较长时间的界面反应，形成了一定厚度的界面反应层。在液态金属向焊缝根部流动铺展的过程中，温度不断下降且焊缝根部受焊接电弧加热作用小，导致该区液态金属与钛合金冶金反应时间较短，形成的界面反应层厚度很小。当焊接热输入过小时，铝基液态金属流动至焊缝根部区域迅速冷凝，其与钛合金之间界面反应几乎无法进行，可能出现结合不良的情况［图 4-19（a）］。

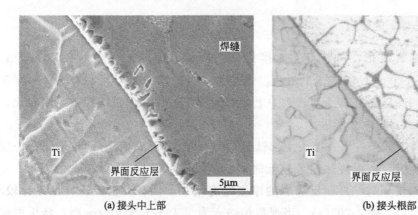

(a) 接头中上部　　　　　　　　　　　　(b) 接头根部

图 4-20　Ti/Al 界面显微组织（$E$=1.42～1.55kJ/cm）

　　试验发现，当焊接热输入达到 1.50～1.66kJ/cm 时，接头上部局部微区钛合金发生了一定的熔化，钛合金与焊缝之间形成了较宽的熔合区。分析认为，受焊接电弧和高温液态金属的直接加热作用影响，加之钛合金传热速率较小，导致靠近上表面的微区钛合金过热并发生熔化；熔融的钛与焊丝、局部熔化的铝合金母材混合，在不同反应驱动力作用下，最终形成了一定宽度的 Ti/Al 熔合区，如图 4-21 所示。熔合区呈分层状结构，平均厚度超过 20 $\mu$m。这与第 3 章填充 4047 焊丝，采用 GTAW 获得的 Ti/Al 接头上部熔合区组织类似。对于 Ti/Al 熔合区详细组织结构特征，将在下一章（第 5 章）进行分析。

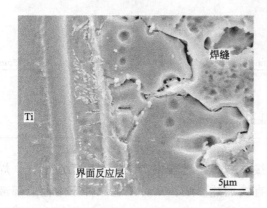

图 4-21　Ti/Al 熔合区显微组织（$E$=1.50～1.66kJ/cm）

## （2）接头厚度方向组织特性

　　钛与铝对接焊时，由于沿接头厚度方向 Ti/Al 界面的焊接热输入分布是不均匀的，导致不同区域钛与液态熔池金属之间的化学冶金反应出现差异，界面组织存在较大的不均匀性，最终钛侧界面可能存在不同的结合机理，从而影响 Ti/Al 接头的整体性能。因此，有必要对接头厚度方向 Ti/Al 结合区的组织特性进行细致分析。

鉴于第 6 组接头上部钛与铝之间形成了较宽熔合区，熔合区内大量的 Ti-Al 脆性金属间化合物不利于接头的性能，试验选取第 5 组（1.42～1.55kJ/cm）接头截取焊缝横截面，沿钛侧坡口面等间距选取焊缝顶部、中上部、中下部及焊根 4 处不同区域进行 Ti/Al 界面组织分析，结果如图 4-22 所示。

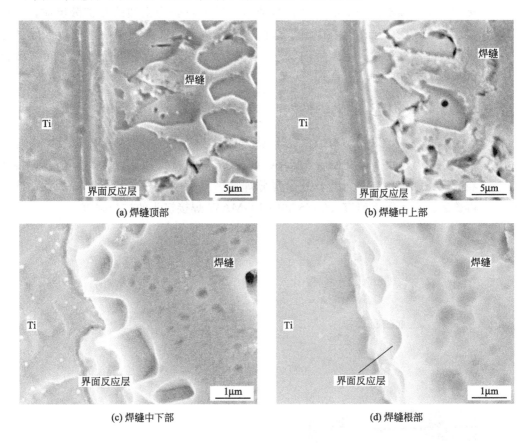

图 4-22　接头厚度方向 Ti/Al 界面显微组织（E=1.42～1.55kJ/cm）

在受焊接电弧直接加热作用影响的接头顶部及中上部界面处，钛合金未发生微量熔化现象，在钛合金与焊缝之间均依次形成了厚度均匀的深灰色薄层、灰色薄层以及靠近焊缝侧的芽状层。接头顶部 Ti/Al 界面反应层平均厚度超过 10 μm，界面反应层附近焊缝中出现了少量尺寸较大的条、块状析出相 [图 4-22（a）]；而接头中上部界面反应层平均厚度约是 5 μm，附近焊缝中只有极少量尺寸较小的块状析出相［图 4-22（b）］。这种多层状结构与采用较大热输入时、不开坡口的 Ru-Ti/1060Al 接头钎焊界面组织类似。

在受焊接电弧直接加热作用影响较小的中下部及根部界面，钛合金与焊缝之间仅通过形成一层芽状反应层实现连接。接头中下部芽状界面反应层平均厚度约为 1 $\mu m$ ［图 4-22（c）］，而接头根部界面反应层平均厚度小于 0.5 $\mu m$ ［图 4-22（d）］。这种界面结构与采用较小热输入时、不开坡口的 RuTi/1060Al 接头钎焊界面组织类似。

通过显微组织分析得知，采用 SAl4043 焊丝进行 Ti/Al 异质合金 GMAW 连接时，接头顶部及中上部钛合金与液态金属通过较为剧烈的互扩散反应，形成了多层状界面反应层结构；中、下部钛合金与焊缝之间形成了一层厚度较小的芽状界面反应层。沿接头厚度方向的 Ti/Al 界面组织特性存在明显差异，可导致钛与铝基焊缝存在两种结合机理。

### 4.2.3　焊接接头的力学性能

试验发现，采用 SAl4043 焊丝获得的 TC4/5A06Al GMAW 焊接接头与采用 SAl4043 焊丝获得的 TA15/5A06Al GTAW 焊接接头相比，除了钛合金焊接热影响区显微硬度稍有差异外，其余部分焊接区显微硬度分布特点基本一致，此处不再赘述。以下重点研究 TC4/5A06Al GMAW 焊接接头的抗拉强度。

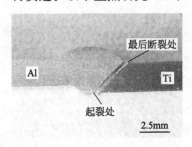

(a) Ti/Al界面处断裂为主(1～3组)

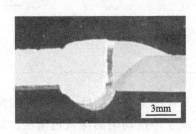
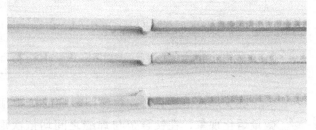

(b) 焊缝中断裂为主(4～6组)

图 4-23　拉伸断裂试样

对采用 SAl4043 焊丝的 TC4/5A06Al 异质合金 GMAW 接头进行拉伸力学性能测试，接头的断裂方式有两种：当焊接热输入在 0.94～1.25kJ/cm 范围时，接头主要断裂于 Ti/Al 界面附近，断裂路径清晰锐利，如图 4-23（a）所示；当焊接热输入在 1.20～1.66kJ/cm 范围时，接头主要断裂于靠近 Ti/Al 界面的焊缝金属中，断裂路径较为曲折，如图 4-23（b）所示。

TC4/5A06Al 接头抗拉强度见表 4-8，接头的抗拉强度总体上随着焊接热输入的升高呈逐渐上升趋势。当接头主要沿 Ti/Al 界面附近断裂时，抗拉强度明显较小（均低于 185 MPa）；当接头主要由焊缝金属中断裂时，接头抗拉强度明显提高，均高于 220 MPa。

表 4-8　TC4/5A06Al 异质接头抗拉强度

| 组序 | 焊接热输入 $E$/(kJ/cm) | 抗拉强度 $\sigma_b$/MPa | 组序 | 焊接热输入 $E$/(kJ/cm) | 抗拉强度 $\sigma_b$/MPa |
|---|---|---|---|---|---|
| 1 | 0.94～1.08 | 156 | 4 | 1.20～1.32 | 224.3 |
| 2 | 1.08～1.16 | 180 | 5 | 1.42～1.55 | 227.6 |
| 3 | 1.10～1.25 | 184.2 | 6 | 1.50-1.66 | 220.0 |

结合图 4-19、图 4-20 组织特点可认为，当焊接热输入在 0.94～1.25kJ/cm 范围时，由于焊接热输入较低，接头中上部钛合金与焊缝金属之间通过形成一层较薄的芽状界面反应层实现结合；接头中下部钛合金与液态金属互扩散反应时间短，形成的界面反应层太薄，不能保证其结合强度，而且由于液态金属冷却凝固较快，局部微区钛合金与液态金属未发生冶金反应，因此形成结合不良区域［图 4-19（b）］，严重影响了接头的抗拉强度。

当焊接热输入在 1.20～1.66kJ/cm 范围时，在较高的焊接热输入作用下，接头中上部钛合金与焊缝金属之间通过形成一层较厚薄的芽状界面反应层实现了较可靠的结合；接头中下部钛合金与焊缝金属间形成的界面反应层较薄，但未出现结合不良区域，基本保证了接头的结合强度（图 4-20）。

## 4.2.4　小结

为填充 SAl4043 焊丝，可采用不同的焊接热输入并针对 TC4/5A06Al 异质合金进行脉冲熔化极氩弧焊（P-GMAW）连接：5A06Al 侧形成熔焊连接；钛合金侧形成钎焊界面结合。具体分析如下。

① 在所有焊接热输入范围内，焊缝正面差异小、成形良好。当焊接热输入为 0.94～1.25kJ/cm 时，焊缝背面成形较差，存在不连续、未焊透情况；接头根部钛合金与焊缝之间部分区域结合不良。

当焊接热输入为 1.20～1.66kJ/cm 时，焊缝正、背面成形良好；接头根部钛合金与焊缝之间存在锐利的界面，形成的界面反应层厚度很小，未发现结合不良区域。

② 当焊接热输入为 1.42～1.55kJ/cm 时，接头顶部及中上部钛合金与焊缝之间形成了多层状界面反应层结构，界面反应层厚度较大；中、下部钛合金与焊缝之间形成了一层厚度较小的芽状界面反应层。沿接头厚度方向 Ti/Al 界面组织存在差异，有两种结合机理。

③ 在拉伸测试中，当焊接热输入为 0.94～1.25kJ/cm 时，接头抗拉强度在 155～185 MPa 范围内，主要断裂于 Ti/Al 界面附近，断裂路径清晰锐利；当焊接热输入为 1.20～1.66kJ/cm 时，接头抗拉强度均高于 220 MPa 且主要断裂于靠近 Ti/Al 界面的焊缝中，断裂路径曲折。

# 第5章
# 钛/铝结合机理

在对 TA15 钛合金与 2024Al、5A06Al 铝合金进行填丝钨极氩弧焊（GTAW）连接过程中，钛合金上表面发生熔化形成多层结构的 Ti/Al 熔合区；其他位置固态钛合金与焊缝通过扩散反应形成钎焊界面结合。在针对 RuTi/1060Al、TC4/5A06Al 异质合金进行脉冲熔化极氩弧焊（P-GMAW）连接过程中，钛合金与焊缝之间也形成了复杂的钎焊界面反应层。钛与铝异质合金通过形成复杂的 Ti/Al 过渡区可形成连接，过渡区的组织结构直接决定了 Ti/Al 异质接头的性能，对于研究过渡区的相结构及其形成机制具有一定意义。根据显微组织分析，采用 Al-Si 系焊丝时，Ti/Al 接头组织特性较好；铝合金母材对 Ti/Al 过渡区的组织特征影响较小，可忽略。对采用 SAl1100、SAl4043、SAl4047 焊丝的 TA15/2024Al 接头过渡区进行相结构分析后，可研究 Si 元素的加入对过渡区相结构的影响；对采用不同焊接热输入的 RuTi/1060Al、TC4/5A06Al 接头过渡区进行相结构分析后，可研究焊接热输入对过渡相结构的影响。

采用 X 射线衍射（XRD）仪对 Ti/Al 过渡区相组成进行分析并结合能量分散谱仪（EDS）元素分析，可研究 Ti/Al 熔合区及钎焊界面相结构及分布。采用 EDS 横跨熔合区和钎焊界面反应层进行元素分布分析，可研究氩弧焊（填丝 GTAW、P-GMAW）过程中化学元素的扩散行为。通过结合相结构分析，可讨论 Ti/Al 异质接头的形成机制。

## 5.1 钛/铝结合区相结构

### 5.1.1 钨极氩弧焊

在填丝 GTAW 过程中，由于焊接热输入分布的不均匀性，TA15/2024Al 接头钛合金上表面既存在 Ti/Al 熔合区，也存在钎焊结合区。故试验针对钛合金上表面位置进行 XRD 相分析后，可以得到熔合区和钎焊结合区内所有相组成。为了分析 Si 元素对 Ti/Al 过渡区相结构的影响，选择采用 SAl1100、SAl4043 及 SAl4047 三种焊丝的 Ti/Al 接头进行 XRD 相分析。

由于熔合区及钎焊界面反应层厚度较小，因此直接对接头横截面进行扫描不易获取含量少的相信号。为了增加测试精度，将接头按照图 5-1 所示方法采用机械方法破坏分离后，分别对钛侧、焊缝侧进行 XRD 分析。

图 5-1　填丝 GTAW 接头 XRD 试样制备

在 GTAW 连接过程中，采用 SAl1100 焊丝时上表面钛合金部分区域发生了微量熔化，液态钛与液态焊缝金属反应，形成熔合区；而其他位置通过 Ti 与 Al 在固-液界面处的互扩散反应，形成了一定厚度的钎焊界面反应层。钛合金上表面 Ti/Al 过渡区 XRD 分析结果如图 5-2 所示，过渡区内形成了 $Ti_3Al$、$TiAl$、$Ti_5Al_{11}$、$Ti_9Al_{23}$ 及 $TiAl_3$ 等多种 Ti-Al 金属间化合物。可知采用 SAl1100 焊丝时，Ti/Al 熔合区及钎焊界面反应层均由脆性的 Ti-Al 金属间化合物组成。根据第 3 章组织分析结果，Ti/Al 熔合区形成了连续的较大厚度的反应层。大量 Ti-Al 金属间化合物增大了接头组织的脆性，不利于接头的性能。

当采用 SAl4043 焊丝时，接头钛合金上表面 Ti/Al 过渡区 XRD 分析结果如图 5-3 所示。过渡区内除了形成 $Ti_3Al$、$TiAl$、$Ti_5Al_{11}$、$Ti_9Al_{23}$ 及 $TiAl_3$ 等 Ti-Al 金属间化合物外，还存在 Ti-Si 金属间化合物 $Ti_5Si_3$。根据第 3 章组织分析结果，采用 SAl4043 焊丝时接头钛合金上表面熔合区也形成了较厚的连续反应层，脆性较大，但其层状结构与采用 SAl1100 焊丝时有所区别。可知在填丝 GTAW 过程中，Si 元素也参与了过渡区 Ti 与 Al 之间的冶金反应，形成了一定量的 $Ti_5Si_3$ 金属间化合物。$Ti_5Si_3$ 的形成改变了过渡区的显微组织，进而影响了 Ti/Al 接头的组织性能。

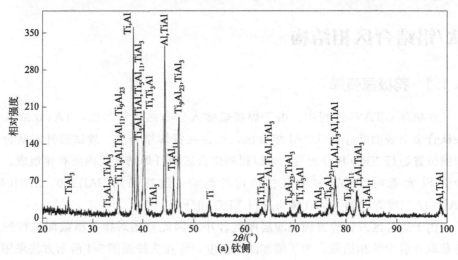

(a) 钛侧

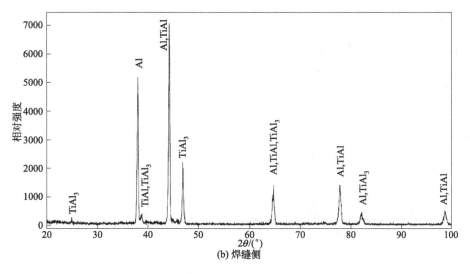

图 5-2　Ti/Al 填丝 GTAW 接头 XRD 相结构分析（SAl1100 焊丝）

　　当采用 SAl4047 焊丝时，接头钛合金上表面 Ti/Al 过渡区 XRD 分析结果如图 5-4 所示。过渡区内形成了 $Ti_3Al$、$TiAl$、$Ti_9Al_{23}$、$TiAl_3$ 等多种 Ti-Al 金属间化合物以及 Ti-Si 金属间化合物 $Ti_5Si_3$。与采用 SAl1100、SAl4043 相比，过渡区中未发现金属间化合物 $Ti_5Al_{11}$。根据第 3 章组织分析结果，采用 SAl4047 焊丝时接头钛合金上表面熔合区形成了较薄的连续反应层，其层状结构与采用另外两种焊丝明显不同。说明随着焊丝中 Si 元素含量的增大，更多的 Si 参与了过渡区形成的冶金反应，减少了连续 Ti-Al 金属间化合物层的形成，一定程度上降低了 Ti/Al 过渡区组织的脆性。

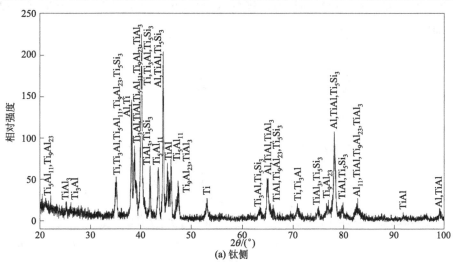

图 5-3

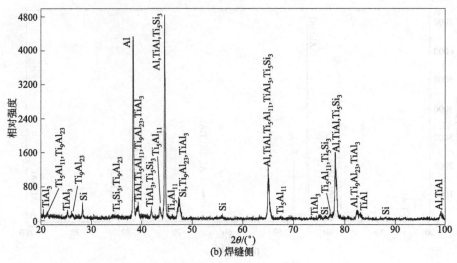

(b) 焊缝侧

图 5-3　Ti/Al 填丝 GTAW 接头 XRD 相结构分析（SAl4043 焊丝）

## 5.1.2　不开坡口的熔化极氩弧焊

在 RuTi 钛合金与 1060Al P-GMAW 过程中，根据第 4 章图 4-13 显微组织分析，焊接热输入在 1.68～1.91kJ/cm 范围内时，Ti/Al 钎焊界面处形成了一层锯齿状的反应层；当焊接热输入增大至 1.9～2.14kJ/cm 时，由钛合金侧至焊缝侧形成了厚度均匀的暗色层、颗粒状亮色层以及芽状暗色层三层结构。

为了获得两种 Ti/Al 过渡区的相组成，分别针对热输入为 1.83～1.91kJ/cm、2.05～2.14kJ/cm 的接头的过渡区进行 XRD 分析。由于 RuTi/1060Al 接头厚度较

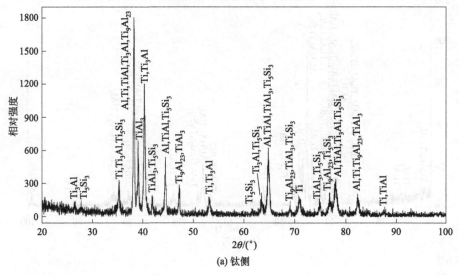

(a) 钛侧

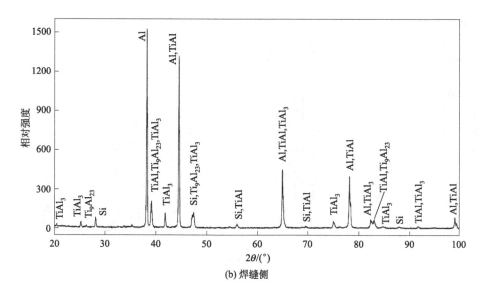

图 5-4　Ti/Al 填丝 GTAW 接头 XRD 相结构分析（SAl4047 焊丝）

小，不适合机械分离后分别针对钛侧、焊缝侧进行分析，而对接头横截面直接进行 XRD 分析不利于检测含量较少的相。故采用图 2-10 所示方法对接头钛合金上表面的 Ti/Al 过渡区进行磨制分析。在两种热输入条件下，过渡区相分析结果如图 5-5 所示。当热输入为 1.83～1.91kJ/cm 时，Ti/Al 钎焊界面附近 $TiAl_3$ 是唯一被检测到的相。而当焊接热输入增大至 2.05～2.14kJ/cm 时，除了生成一定量的 $TiAl_3$，

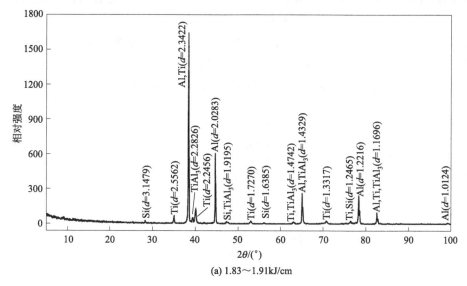

图 5-5

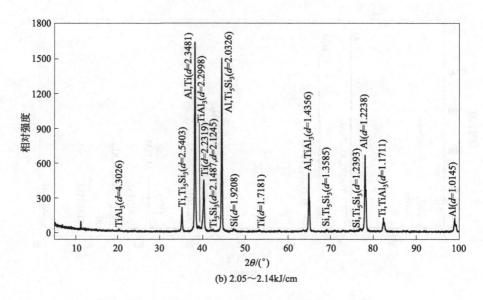

(b) 2.05～2.14kJ/cm

图5-5 不同热输入 Ti/Al P-GMAW 接头 XRD 相结构分析（SAl4043 焊丝）

界面附近还出现了少量 Ti-Si 金属间化合物 $Ti_5Si_3$。

### 5.1.3 开坡口的熔化极氩弧焊

根据第 4 章显微组织分析，当焊接热输入过小（0.94～1.25kJ/cm）时，接头根部存在结合不良现象；当焊接热输入略高时，接头上部存在 Ti/Al 熔合区，均不利于接头的性能。因此，仅对焊接热输入为 1.42～1.55kJ/cm 的 TC4/5A06Al 接头用图 2-10 的方法对 Ti/Al 过渡区进行 XRD 分析，结果如图 5-6 所示。在 Ti/Al 过渡区内发现了金属间化合物 $TiAl_3$ 和 $Ti_5Si_3$ 的存在。测试结果与焊接热输入为 2.05～2.14kJ/cm 的 RuTi/1060Al 接头 XRD 结果一致。

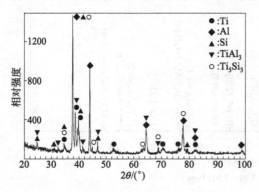

图5-6 TC4/5A06Al P-GMAW 接头 XRD 相结构分析

## 5.2 钛/铝结合区元素分布

### 5.2.1 钨极氩弧焊

为分析 Ti/Al 过渡区的相分布规律，采用 EDS 对过渡区进行元素分析。根据显微组织及 XRD 相分析，在 GTAW 过程中，采用 SAl4047 焊丝时，接头 Ti/Al 过渡区内形成的金属间化合物数量、种类较少，有利于提高接头的性能。故可针对采用 SAl4047 焊丝连接而成的 TA15/2024Al 接头进行相分布分析。

**(1) 钛合金上表面 Ti/Al 熔合区元素分布**

采用 SAl4047 焊丝时，钛合金上表面 Ti/Al 熔合区显微组织如图 5-7 所示。即使在同一个接头中，熔合区也存在两种不同的组织类型。在电弧直接加热的中心区域，钛合金发生了明显的熔化，形成了图 5-7 (a) 所示的熔合区。熔合区呈多层状，厚度为 14~16 μm。根据显微组织特征，将熔合区由钛合金侧至焊缝侧划分为均匀的暗色层（Ⅰ）、薄的共晶层（Ⅱ）、较厚的共晶层（Ⅲ）及不连续的锯齿状层（Ⅳ）。在图中选择 A~F 六处位置进行 EDS 元素分析，结果见表 5-1。位置 A 处 Ti 元素原子分数为 85.46%，Al 元素原子分数为 11.83%，还含有 2.71% 的元素 V。Al 元素含量未超过其在 α-Ti 中的固溶极限，可知 A 位置处于钛合金母材中。位置 B 处 Ti 元素原子分数为 70.60%，Al 元素原子分数为 26.4%，Ti、Al 原子含量之比约为 3:1，结合 XRD 分析可知Ⅰ层应为金属间化合物 $Ti_3Al$。位置 C、D 两处 Ti、Al 原子含量之比均约为 1:1，结合 XRD 分析可知Ⅱ层及Ⅲ层均应由金属间化合物 TiAl 组成。位置 E 处 Ti 元素原子分数为 25.20%，Al 元素原子分数为 63.68%，Si 元素的原子分数为 11.12%，Ti、Al 原子含量之比约为 1:3，结合 XRD 分析可知Ⅳ层应由金属间化合物 $TiAl_3$ 组成。位置 F 处于Ⅲ层与Ⅳ层交界处，其 Ti、Al 原子含量之比约为 1:2，结合 XRD 分析可知位置 F 处主要由金属间化合物 $Ti_9Al_{23}$ 组成。

表 5-1　A~F 点 EDS 元素分析（原子分数）　　　　　　　单位:%

| 测试位置 | Ti | Al | Si | V |
| --- | --- | --- | --- | --- |
| A | 85.46 | 11.83 | — | 2.71 |
| B | 70.60 | 26.41 | 0.44 | 2.55 |
| C | 47.51 | 49.76 | 1.18 | 1.56 |
| D | 41.34 | 47.10 | 9.77 | 1.79 |
| E | 25.20 | 63.68 | 11.12 | — |
| F | 30.98 | 59.85 | 9.17 | — |

在略偏离电弧中心的区域，钛合金发生了微量熔化，形成图 5-7（b）所示的熔合区。熔合区也呈多层状结构，厚度为 $10\sim12\ \mu m$。由钛侧至焊缝侧将熔合区划分为均匀的暗色层（Ⅰ）、颗粒状层（Ⅱ）及不连续的锯齿状层（Ⅲ）。在图中选择 A～E 五处位置进行 EDS 元素分析，结果见表 5-2。位置 A 处 Ti 元素原子分数为 85.93%，Al 元素原子分数为 10.08%，还含有少量的元素 Si 和 V，可知 A 位置应为 α-Ti 固溶体。位置 B 处 Ti、Al 原子含量之比约为 3∶1，可知Ⅰ层应为金属间化合物 $Ti_3Al$。位置 C 处 Ti、Al 原子含量之比约为 1∶1，可知Ⅱ层应主要由金属间化合物 TiAl 组成。位置 D 处 Ti、Al 原子含量之比约为 1∶3，可知Ⅲ层应为金属间化合物 $TiAl_3$。位置 E 处于Ⅱ层与Ⅲ层交界处，其 Ti、Al 原子含量之比约为 1∶3，可知该处并未形成金属间化合物 $Ti_9Al_{23}$，应由 $TiAl_3$ 组成。

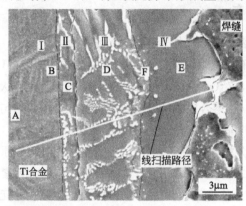
(a) 电弧加热中心位置

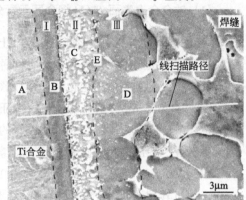
(b) 电弧加热边缘位置

图 5-7　Ti/Al 熔合区显微组织

表 5-2　A～E 点 EDS 元素分析（原子分数）　　　　　　　　　　单位：%

| 测试位置 | Ti | Al | Si | V |
| --- | --- | --- | --- | --- |
| A | 85.93 | 10.08 | 0.10 | 3.89 |
| B | 60.56 | 32.73 | 4.51 | 2.19 |
| C | 40.34 | 44.10 | 13.77 | 1.79 |
| D | 25.31 | 63.96 | 10.73 | — |
| E | 23.23 | 66.98 | 9.79 | — |

根据 Ti/Al 熔合区显微组织，图 5-7（a）Ⅱ、Ⅲ层，Ⅲ层与Ⅳ层之间过渡区以及图 5-7（b）Ⅱ层中均存在亮色颗粒状组织。由于颗粒较小，无法采用 EDS 元素分析测定其化学成分。根据 Ti-Al-Si 三元合金相图（图 5-8）[98]，在 Si 含量（质量分数）低于 20% 的范围内，可以形成 $Ti_3Si$、$Ti_5Si_3$ 及 $Ti_5Si_4$ 等 Ti-Si 系金属间化合物。研究表明，金属间化合物 $Ti_3Si$ 只能在非常缓慢的冷却速率条件下才可能

生成[119~121]；而填丝 GTAW 焊后冷却速率大，故熔合区内不可能生成 Ti₃Si。采用 XRD 对过渡区进行相分析时，也并未发现金属间化合物 Ti₅Si₄ 的存在，所以该亮色颗粒状组织应是金属间化合物 Ti₅Si₃。根据图 5-8，Ti₅Si₃ 可与 TiAl、TiAl₂、Ti₅Al₁₁ 及 Ti₉Al₂₃ 等多种金属间化合物形成共晶组织。由于 XRD 分析未检测到 TiAl₂ 和 Ti₅Al₁₁ 的存在，故可以推测，图 5-7（a）中Ⅱ、Ⅲ层由 TiAl＋Ti₅Si₃ 共晶组织组成；Ⅲ层与Ⅳ层之间过渡区域由 Ti₉Al₂₃＋Ti₅Si₃ 共晶组织组成。而图 5-7（b）Ⅱ层由 TiAl＋Ti₅Si₃ 共晶组织组成，即在图 5-7（a）所示的熔合区内，由钛合金侧至焊缝侧依次形成了 Ti₃Al 层、TiAl＋Ti₅Si₃ 共晶层、Ti₉Al₂₃＋Ti₅Si₃ 共晶层及 TiAl₃ 层；在图 5-7（b）所示的熔合区内，由钛合金侧至焊缝侧依次形成了 Ti₃Al 层、TiAl＋Ti₅Si₃ 共晶层及 TiAl₃ 层。

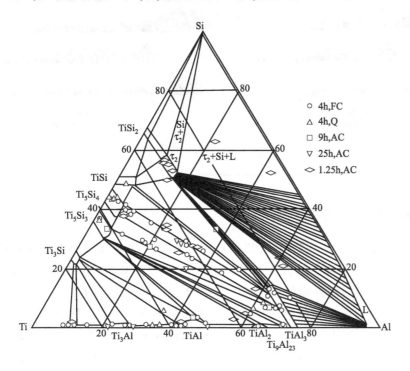

图 5-8　Ti-Al-Si 三元合金相图[98]

为了获得两种熔合区附近各化学元素的分布情况，对横跨两处熔合区做 EDS 线扫描分析，扫描路径如图 5-7 所示。两处熔合区附近元素分布情况分别见图 5-9（a）、（b）。在填丝 GTAW 过程中，Ti 与 Al 除了在固-液界面附近反应形成大量金属间化合物外，还发生了一定的相互扩散。由于 Ti 在 α-Al 中的固溶极限很小，只有微量 Ti 固溶于 α-Al 中；绝大部分扩散至液态金属中的 Ti 通过与 Al 反应形成 TiAl₃ 析出相。相比之下，Al 在钛中的固溶极限较大，扩散至固态钛合金中的 Al

绝大部分固溶于钛中形成固溶体。由图 5-9 可知，连接过程中元素 V 并未向焊缝发生扩散，仅在熔合区内发生了一定量的固溶。与其他元素不同，Si 元素除了在熔合区内与 Ti 等反应形成金属间化合物 $Ti_5Si_3$ 外，还向熔合区内各反应层发生了明显的扩散。金属间化合物层中的 Si 含量比钛侧及焊缝 $\alpha$-Al 中含量高。图 5-7 中 $TiAl$＋$Ti_5Si_3$、$Ti_9Al_{23}$＋$Ti_5Si_3$ 共晶组织反应层中除去 $Ti_5Si_3$ 中 Si 的含量，仍具有较高的 Si 元素含量，说明在填丝 GTAW 连接过程中，Si 向 Ti-Al 金属间化合物层中发生了上坡扩散。

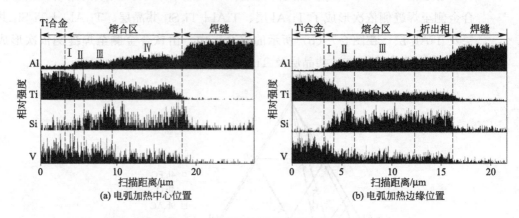

图 5-9　Ti/Al 熔合区附近元素分布

### (2) 对接区钎焊界面元素分布

采用 SAl4047 焊丝时，TA15/2024Al 接头中部钎焊界面 SEM 显微组织如图 5-10 所示。钛合金未发生熔化，通过 Ti、Al、Si 等元素之间的相互扩散反应，由钛合金侧至焊缝金属侧界面依次形成一层厚度均匀的暗色反应层、一层颗粒状亮色反应层以及一层锯齿状的暗色反应层，依次标记为 Ⅰ、Ⅱ、Ⅲ 层，反应层总厚度为 3～6 $\mu m$。在图中选择 A～C 三处位置进行 EDS 元素分析，结果见表 5-3。位置 A 处 Ti 原子分数约为 83％，Al 原子分数约为 13％，可知反应层 Ⅰ 为 $\alpha$-Ti 固溶体。位置 B 处 Ti、Al 的原子分数之比约为 1∶3，但 Si 含量较高，约为 15％。结合 XRD 分析，反应层 Ⅱ 中颗粒状物应是金属间化合物 $Ti_5Si_3$，即 Ⅱ 层应由金属间化合物 $TiAl_3$ 与 $Ti_5Si_3$ 混合而成。位置 C 处 Ti、Al 的原子含量之比约为 1∶3，可知反应层 Ⅲ 为金属间化合物 $TiAl_3$。

为了获得 Ti/Al 钎焊界面附近各化学元素的分布情况，横跨界面反应层做 EDS 线扫描分析，扫描路径见图 5-10，各元素分布情况如图 5-11 所示。Ti 元素与 Al 元素除了通过冶金反应形成金属间化合物 $TiAl_3$ 外，均发生了一定的相互扩散。金属间化合物层中含有少量的 V 元素，但 V 未向焊缝中发生扩散。与熔合区内扩散行为相似，Si 元素向 Ti-Al 金属间化合物中发生了明显的上坡扩散。在反应层 Ⅱ 中由于 $Ti_5Si_3$ 的存在，Si 含量比 $TiAl_3$ 金属间化合物层（即反应层Ⅲ）中含 Si 量略高。所以，钎焊界面处由钛合金侧至焊缝侧依次形成了 α-Ti 固溶体层、$TiAl_3$ 与 $Ti_5Si_3$ 混合层以及 $TiAl_3$ 层。

图 5-10　TA15/2024Al 钎焊界面显微组织

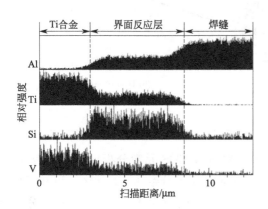

图 5-11　TA15/2024Al 钎焊界面附近元素分布

表 5-3　A～C 位置 EDS 元素分析（原子分数）　　　　单位：%

| 位置 | Ti | Al | Si | V |
| --- | --- | --- | --- | --- |
| A | 82.93 | 13.08 | 0.10 | 3.89 |
| B | 23.71 | 60.08 | 14.55 | 1.66 |
| C | 26.51 | 65.08 | 8.05 | 0.36 |

### 5.2.2 熔化极氩弧焊

显微组织分析发现，采用 P-GMAW 进行 RuTi/1060Al、TC4/5A06Al 异质接头连接时，接头组织极为相似。对焊接热输入在 2.05～2.14kJ/cm 范围内的 RuTi/1060Al 接头和焊接热输入为 1.42～1.55kJ/cm 的 TC4/5A06Al 接头进行 Ti/Al 过渡区元素分析，发现 Ti/Al 过渡区形成三层结构。针对此热输入范围内的过渡区进行相分布分析也可得到较小热输入时过渡区的相分布规律。两种接头上部 Ti/Al 过渡区 SEM 显微组织分别如图 5-12（a）、（b）所示。钛合金未发生熔化，由钛合金侧至焊缝侧依次形成了一层厚度均匀的暗色反应层、一层颗粒状亮色反应层以及一层锯齿状的暗色反应层，分别标记为Ⅰ、Ⅱ、Ⅲ层，界面反应层总厚度为 4～6 μm。

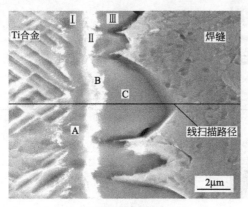

(a) RuTi/1060Al接头    (b) TC4/5A06Al接头

图 5-12 Ti/Al 钎焊界面显微组织

在图 5-12（a）中选择 A～C 三处位置进行 EDS 元素分析，结果见表 5-4。位置 A 处 Ti 元素原子分数为 85.31%，Al 元素原子分数为 12.16%，可知反应层Ⅰ为 $\alpha$-Ti 固溶体。位置 B 处 Ti、Al 原子分数之比约为 1:2，Si 的原子分数达到 12.11%。结合 XRD 分析，反应层Ⅱ应由 Ti-Al 金属间化合物 TiAl$_3$ 与 Ti-Si 金属间化合物 Ti$_5$Si$_3$ 混合组织组成。位置 C 处 Ti、Al 原子含量之比约为 1:3，可知反应层Ⅲ由金属间化合物 TiAl$_3$ 组成。

在图 5-12（b）中选择 D～F 三处位置进行 EDS 元素分析，结果见表 5-5。类似而言，结合 D 点处元素分析，TC4/5A06Al 接头中的反应层Ⅰ也是 $\alpha$-Ti 固溶体；位置 E 处 Ti、Al 原子分数之比约为 1:2，Si 的原子分数达到 11.34%，结果与 RuTi/1060Al 一致，反应层Ⅱ应由 TiAl$_3$ 与 Ti$_5$Si$_3$ 组成。位置 F 处 Ti、Al 原子分数之比约为 1:3，反应层Ⅲ也为 TiAl$_3$。

**表 5-4　A~C 位置 EDS 元素分析（原子分数）**

单位：%

| 位置 | Ti | Al | Si | Mn |
|---|---|---|---|---|
| A | 85.31 | 12.16 | 2.09 | 0.44 |
| B | 29.19 | 58.70 | 12.11 | 0 |
| C | 23.85 | 71.52 | 4.63 | 0 |

**表 5-5　D~F 位置 EDS 元素分析（原子分数）**

单位：%

| 位置 | Ti | Al | Si | V |
|---|---|---|---|---|
| D | 83.68 | 13.34 | 0.34 | 2.64 |
| E | 29.19 | 58.80 | 11.34 | 0.67 |
| F | 26.12 | 65.73 | 7.52 | 0.64 |

为了获得 Ti/Al 钎焊界面附近各化学元素的分布情况，横跨界面反应层做 EDS 线扫描分析，扫描路径见图 5-12（a）、（b），各元素分布情况分别如图 5-13（a）、（b）所示。Ti、Al、Si 三种元素的分布情况与图 5-11 中 TA15/2024Al 钎焊界面附近元素分布基本一致。

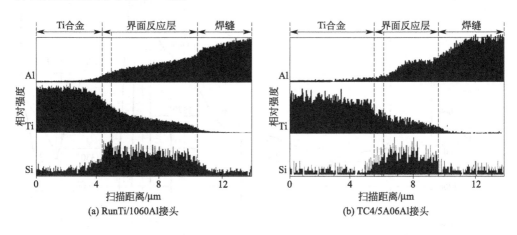

(a) RunTi/1060Al接头

(b) TC4/5A06Al接头

图 5-13　Ti/Al 钎焊界面附近元素分布

# 5.3　钛/铝界面形成

## 5.3.1　Ti/Al 熔合区

在填充 Al-Si 焊丝的 Ti/Al GTAW 接头中，钛合金上表面 Ti/Al 熔合区存在多种脆性金属间化合物，虽不利于接头的性能，但钛合金与焊缝正是通过形成这些金属间化合物层实现连接，对研究熔合区内各反应层的形成过程具有重要意义。熔合区经历的焊接热循环存在升温和降温两个过程。升温过程中存在 $TiAl_3$ 形成温度 $T_1$（约 664℃）、$\alpha\text{-Ti} \rightarrow \beta\text{-Ti}$ 转变温度 $T_2$（约 882℃）以及 $\beta\text{-Ti}$ 熔化温度 $T_m$（约 1667℃）三个关键温度。而降温过程中则有 $TiAl + Ti_5Si_3$、$Ti_9Al_{23} + Ti_5Si_3$ 共

晶形成温度 $T_3$、$T_4$（均低于 1330℃[39]），β-Ti → α-Ti 转变温度 $T_5$ 等关键温度。根据各温度段特点，可将 Ti/Al 熔合区的形成分为以下阶段[122]。

① $T_1 \rightarrow T_2 \rightarrow T_m$ 阶段。在焊接电弧和熔融焊丝的快速加热作用下，钛合金母材被迅速加热，Ti 向液态金属中发生熔解扩散并在界面处富集。根据 Ti-Al 二元相图（见第 1 章中图 1-15），Ti 与 Al 在 $T_1$（664℃）时即可反应，形成金属间化合物 $TiAl_3$。$TiAl_3$ 的熔点约为 1337℃，所以当温度升高至 1337℃以上时，先前形成的 $TiAl_3$ 又重新熔化。根据图 5-14 的 Ti-Si 二元相图，Ti 与 Si 在 600℃左右可发生反应形成金属间化合物 $Ti_5Si_3$[39]。$Ti_5Si_3$ 的熔化温度约为 2130℃。若焊接热循环峰值温度 $T_{max}$ 超过此温度，则 $Ti_5Si_3$ 会发生重新熔化；若未达到此温度，则 $Ti_5Si_3$ 会一直处于固态。

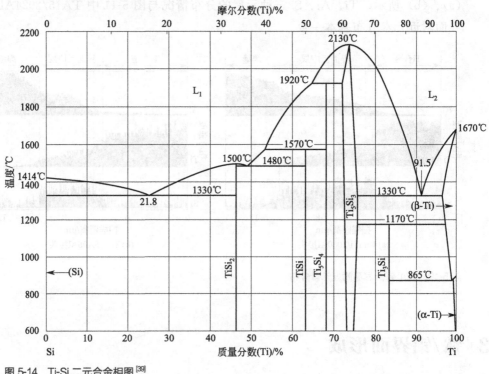

图 5-14  Ti-Si 二元合金相图[39]

Al、Si 元素向钛合金发生了一定的扩散。Al 是一种 α-Ti 稳定元素，提高了 α-Ti → β-Ti 转变温度 $T_2$（高于 882℃）。但由于填丝 GTAW 热输入较大，钛合金仍然被加热至 α-Ti → β-Ti 转变温度以上，固-液界面附近 α-Ti 发生固相转变形成 β-Ti。随着温度继续升高，界面处温度超过钛合金的熔化温度 $T_m$，β-Ti 发生熔化，形成一层富 Ti 液态金属。受熔池的剧烈搅拌作用影响，富 Ti 液态金属与焊丝液态金属发生混合，在固-液界面一侧形成富 Ti 侧，在焊丝金属侧形成富 Al 侧，如图 5-15（a）所示。

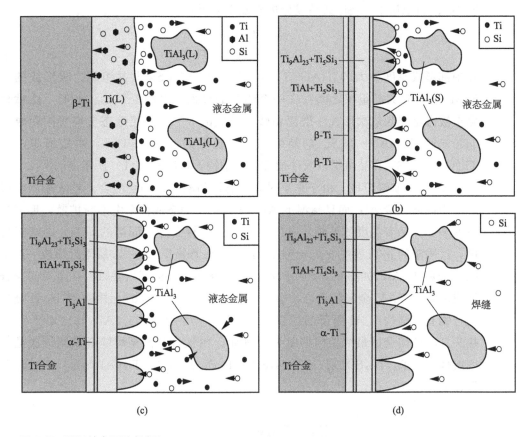

图 5-15 Ti/Al 熔合区形成过程

② $T_{\text{m}} \rightarrow T_3$、$T_4$ 阶段。焊接热循环达到峰值温度 $T_{\text{max}}$ 后，迅速降温，混合后的液态金属发生冷却凝固。富 Ti 侧液态金属熔点较高，最先凝固形成 β-Ti(L→β-Ti)。由于 Si 在 β-Ti 中的固溶度较小，随着 β-Ti 的生长，过量的 Si 元素被排挤至 β-Ti 边缘液态金属中。在混合液态金属中部，熔点较高的金属间化合物 TiAl、$Ti_9Al_{23}$ 发生凝固：

$$Ti + Al \rightarrow TiAl \tag{5-1}$$

$$9Ti + 23Al \rightarrow Ti_9Al_{23} \tag{5-2}$$

将富含 Si 的液态金属排挤至晶界，即接近 $TiAl + Ti_5Si_3$、$Ti_9Al_{23} + Ti_5Si_3$ 共晶成分的金属仍处于液态。富 Al 侧熔点约为 1337℃ 的 $TiAl_3$ 发生结晶并长大。

$$Ti + 3Al \rightarrow TiAl_3 \tag{5-3}$$

③ $T_3$、$T_4 \rightarrow T_5$ 阶段。随着温度继续降低，残余混合液态金属中 Si 含量不断升高。紧邻 β-Ti 层的液态金属达到 $TiAl + Ti_5Si_3$ 共晶成分，形成一薄层 $TiAl + Ti_5Si_3$ 共晶组织。中部受 TiAl、$Ti_9Al_{23}$ 生长排挤的残余液态金属也达到 TiAl+

$Ti_5Si_3$、$Ti_9Al_{23}+Ti_5Si_3$ 共晶成分进而发生凝固：

$$L \rightarrow TiAl + Ti_5Si_3 \tag{5-4}$$

$$L \rightarrow Ti_9Al_{23} + Ti_5Si_3 \tag{5-5}$$

在中部形成厚度较大的 $TiAl+Ti_5Si_3$、$Ti_9Al_{23}+Ti_5Si_3$ 共晶组织。故形成的两层 $TiAl+Ti_5Si_3$ 共晶组织之间存在一个明显的界面，见图 5-7(a)。此时，由钛合金侧至液态金属侧依次形成一层固相转变而成的 β-Ti，一层液态金属凝固而成的 β-Ti，一薄层 $TiAl+Ti_5Si_3$ 共晶组织，一较厚的 $TiAl+Ti_5Si_3$ 共晶组织，一层 $Ti_9Al_{23}+Ti_5Si_3$ 共晶组织以及一层 $TiAl_3$ 结构，如图 5-15(b) 所示。

④ $T_5 \rightarrow$ 室温阶段。由于高温时，液态钛与液态铝相互混合，导致凝固而成的 β-Ti 中固溶大量 Al；而且高温下 Al、Si 元素向固态钛合金中不断扩散，形成过固溶的 β-Ti。随着温度的下降，发生 β-Ti→α-Ti 转变为过固溶的 α-Ti。继续降低温度，过固溶的 α-Ti 发生 α-Ti→$Ti_3Al$ 转变，在紧邻 Ti 侧 α-Ti 层附近形成一层金属间化合物 $Ti_3Al$，如图 5-15(c) 所示。有研究认为，Si 元素在 Ti-Al 金属间化合物形成之后向 Ti-Al 金属间化合物层中发生扩散 [图 5-15(d)] 并取代 Ti-Al 金属间化合物有序结构中 Al 原子的位置，形成置换型固溶体 $Ti_x(Al,Si)_y$[103,123,124]。故接头 Ti/Al 熔合区最终结构如图 5-16 所示，由钛合金侧至焊缝金属侧依次是 α-Ti 固溶体层、$Ti_3(Al,Si)$ 层、$Ti(Al,Si)+Ti_5Si_3$ 共晶层、$Ti_9(Al,Si)_{23}+Ti_5Si_3$ 共晶层、$Ti(Al,Si)_3$ 层。

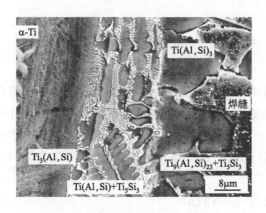

图 5-16　Ti/Al 熔合区显微组织

## 5.3.2　Ti/Al 钎焊界面

填充 Al-Si 系焊丝时，在采用 GTAW、P-GMAW 连接的两种 Ti/Al 接头中，钎焊界面显微组织特征基本一致（图 5-10、图 5-12）；元素分布情况也基本相同（图 5-11、图 5-13）。故对两种钎焊接头的形成机制进行统一讨论。在 Ti/Al 钎焊界面反应层中均形成了 $TiAl_3$、$Ti_5Si_3$ 两种金属间化合物。为研究反应层的形成，首先要分析两种金属间化合物形成的先后顺序。可忽略降温速率对冶金反应的影响，采用热力学分析方法中的吉布斯自由能判据对两种金属间化合物的形成难易程度进行判断。根据热力学定义，纯物质的标准自由能变化由式(5-6)决定[125]：

$$\Delta G^0 = \Delta H^0 - T\Delta S^0 \qquad (5\text{-}6)$$

式中，$\Delta G^0$ 为系统的标准自由能变化；$\Delta H^0$ 为系统的标准焓变；$\Delta S^0$ 为系统的标准熵变；$T$ 为热力学温度，K。在化学反应过程中，系统的标准自由能变化可由式(5-7)计算[125]：

$$\Delta G^0 = \sum c_{\text{生成物}}\ \Delta G^0_{\text{f(生成物)}} - \sum c_{\text{反应物}}\ \Delta G^0_{\text{f(反应物)}} \qquad (5\text{-}7)$$

金属间化合物 $Ti_5Si_3$ 的生成反应式为：

$$5Ti + 3Si \rightarrow Ti_5Si_3 \qquad (5\text{-}8)$$

在 327～1327℃ 温度范围内，对式(5-3)、式(5-8)反应过程的吉布斯自由能变化进行计算，结果如图 5-17 所示。在所涉及的温度范围内，金属间化合物 $Ti_5Si_3$ 生成反应的吉布斯自由能变化均为负值，即在 327～1327℃ 温度范围内 $Ti_5Si_3$ 生成反应可以自发进行[126,127]。在 660～约 780℃ 范围内，$TiAl_3$ 生成反应的吉布斯自由能变化比 $Ti_5Si_3$ 生成反应更低，$TiAl_3$ 更容易形成；在其他温度区间内，$Ti_5Si_3$ 更容易形成。

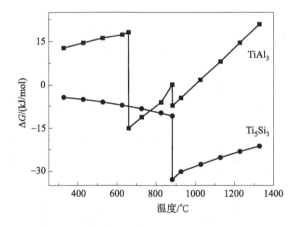

图 5-17　327～1327℃温度范围 $TiAl_3$、 $Ti_5Si_3$ 生成反应的吉布斯自由能变化

分析认为在 P-GMAW 过程中，焊接热输入在 1.68～1.91kJ/cm 范围内，由于 Ti-Al 界面处升温、降温速率较大，Ti 与 Si 反应时间短；而且液态金属中 Si 元素的质量分数略少（小于 5%），生成的 $Ti_5Si_3$ 数量太少。在 XRD 衍射分析过程中，$Ti_5Si_3$ 特征 X 射线信号太弱而未被捕捉到。所以，焊接热输入在 1.68～1.91kJ/cm 范围内，RuTi/1060Al 接头钎焊界面附近未发现 $Ti_5Si_3$ 的存在。Ti/Al

氩弧焊（填丝 GTAW、P-GMAW）钎焊界面反应层的形成过程如下[116]：

① 铝基液态金属在固态钛表面迅速润湿铺展。在高温熔融金属的加热作用下，固-液界面处钛合金发生了一定的熔解，大量 Ti 原子在液态金属中发生了扩散。由于固-液界面具有较高的界面能，为了降低体系势能，Ti、Si 等溶质原子向界面处扩散富集。部分 Al 原子跨过界面固溶于钛合金中。由于 Al 是一种 α-Ti 稳定元素，可显著提高 α-Ti→β-Ti 转变温度（最高温度可接近 1150℃）。而界面处钛合金经历的焊接热循环峰值温度未达到固相转变温度，即 Al 原子的固溶阻碍了 α-Ti→β-Ti 转变的进行，从而在钛合金侧形成一层厚度均匀的 α-Ti 薄层，如图 5-18（a）所示。液态金属内局部区域 Ti 原子发生富集并与 Al 反应形成少量的 $TiAl_3$ 析出相。

② 随着溶质原子扩散的继续进行，固液界面处 Ti、Si 原子达到较高浓度。根据图 5-17 分析，在大部分温度范围内，金属间化合物 $Ti_5Si_3$ 生成反应的吉布斯自由能变化比 $TiAl_3$ 低，Ti 与 Si 首先发生反应，形成了一层颗粒状的 $Ti_5Si_3$ 薄层，如图 5-18（b）所示。$Ti_5Si_3$ 反应层的形成一定程度上抑制了 Ti、Al 原子之间的相互扩散[101,122]。

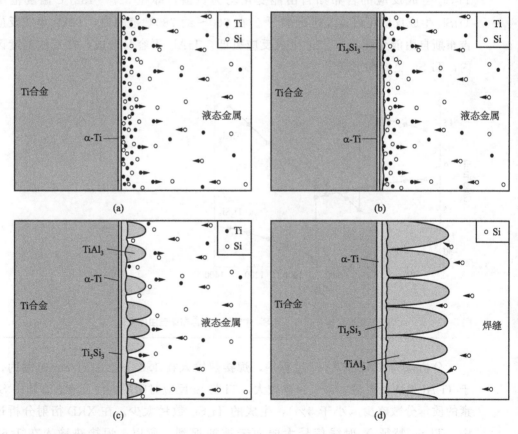

图 5-18　Ti/Al 钎焊界面形成过程

③ 随着 $5Ti+3Si\rightarrow Ti_5Si_3$ 反应的进行，固-液界面处 Si 原子被迅速消耗。金属间化合物 TiAl₃ 开始由固态界面形核向液态金属中生长。据文献［128］研究，界面反应层的生长主要依靠 Al 原子跨过固态 TiAl₃ 层并与 Ti 反应形成新的 TiAl₃。由于 TiAl₃ 具有正方晶体结构，优先沿其最大密排方向生长，形成了锯齿状的结构［图 5-18(c)］。

④ TiAl₃ 金属间化合物层形成之后，为降低体系化学势，液态金属中 Si 原子向 TiAl₃ 中发生扩散并取代其有序结构中的部分 Al 原子，形成 Ti(Al，Si)₃ 置换型固溶体，如图 5-18(d) 所示。

故 TA15/2024Al 填丝 GTAW 接头及 RuTi/1060Al P-GMAW 接头 Ti/Al 钎焊界面反应层最终结构如图 5-19 所示，由钛合金侧至焊缝侧依次形成了 α-Ti 固溶体层、Ti₅Si₃ 与 Ti(Al，Si)₃ 混合层及 Ti(Al，Si)₃ 层。

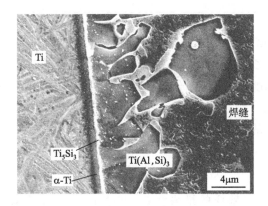

图 5-19　Ti/Al 钎焊界面显微组织

### 5.3.3　Si 的扩散

Si 元素的扩散过程与其他元素有所区别，试验结果显示 Ti/Al 异质合金氩弧焊过程中 Si 元素向 Ti-Al 金属间化合物中发生了上坡扩散。为了研究 Si 元素的扩散行为，对 TiAl₃ 析出相附近 Si 元素分布进行 EDS 线扫描，如图 5-20 所示。TiAl₃ 中 Si 元素含量明显高于焊缝金属。

根据菲克扩散定律只能描述由高浓度向低浓度方向的原子扩散过程。即：

$$J=-D\frac{\partial C}{\partial x} \tag{5-9}$$

式中，$J$ 为扩散通量；$D$ 为原子扩散系数；$C$ 为原子浓度；$x$ 为组元摩尔分数[112]。当 $\frac{\partial C}{\partial x}\rightarrow 0$ 时，组元成分趋向于均匀，宏观扩散停止。然而，在合金中经常发生固溶体的共析转变等上坡扩散过程，说明浓度梯度不是原子发生扩散的根本驱

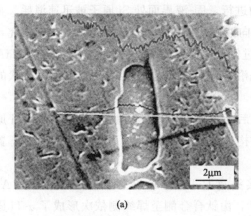

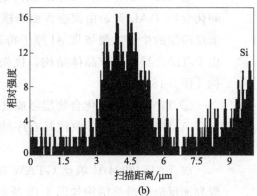

图 5-20　Si 向 TiAl$_3$ 中的上坡扩散

动力。根据热力学基本理论，组元产生变化的广义判据是系统的自由能变化（$\Delta G$），即系统平衡的自由能最低，变化过程的 $\Delta G < 0$ 才是扩散过程的真正驱动力。所以，原子的扩散过程应是由化学势高的部分向化学势低的方向进行。因此，组元扩散的驱动力应是化学势梯度。

根据化学势 $\mu$ 的定义，组元 Si 的化学势为：

$$\mu_{Si} = \frac{\partial C_{Si}}{\partial x} \tag{5-10}$$

式中，$C_{Si}$ 为 Si 的浓度。由于 Si 的物质的量浓度 $C_{Si}$ 和摩尔密度 $\rho_{Si}$ 及摩尔分数 $x_{Si}$ 存在关系：

$$C_{Si} = \rho_{Si} x_{Si} \tag{5-11}$$

所以，组元 Si 的扩散驱动力化学势梯度

$$\frac{\partial \mu_{Si}}{\partial x} = \rho \frac{\partial^2 G}{\partial C_{Si} \partial x} \tag{5-12}$$

式中，$G$ 为系统的摩尔自由能。如果将菲克扩散定律用广义的化学势梯度表达，则为：

$$J = -D \frac{\partial \mu_{Si}}{\partial x} = -(D_{Si}^{\mu} \rho \frac{\partial^2 G}{\partial C_{Si}^2}) \frac{\partial C_{Si}}{\partial x} \tag{5-13}$$

式中，$D_{Si}^{\mu}$ 是与化学势有关的扩散系数，其数值大于 0。所以，当 $\frac{\partial^2 G}{\partial C_{Si}^2} < 0$ 时，Si 元素会发生上坡扩散。Si 元素在铝基液态金属中的化学势高于在固态 Ti-Al 金属间化合物中的化学势[103]。在 Ti-Al 金属间化合物形成之后，为了降低体系能量，液态金属中 Si 元素向金属间化合物层中发生上坡扩散并取代其有序结构中部分 Al

原子的位置，形成置换型固溶体 $Ti_x(Al，Si)_y$。

# 5.4 小结

① 采用 Al-Si 系焊丝进行 Ti/Al 异质合金填丝 GTAW 连接时，钛合金上表面发生了熔化。由钛侧至焊缝侧依次形成 $Ti_3Al$ 层、$TiAl+Ti_5Si_3$ 共晶层、$Ti_9Al_{23}+Ti_5Si_3$ 共晶层（$Ti_5Al_{11}+Ti_5Si_3$ 共晶层）及 $TiAl_3$ 层等多层金属间化合物，可实现连接。接头其他部分钛与铝形成钎焊结合，由钛侧至焊缝侧依次形成 α-Ti 层、$TiAl_3$ 与 $Ti_5Si_3$ 混合层及 $TiAl_3$ 层三层结构。

② 在填充 SAl4043 焊丝时，采用不同的焊接热输入对 Ti/Al 异质合金进行 P-GMAW 连接，钛合金均未发生熔化。由钛侧至焊缝侧依次形成 α-Ti 层、$TiAl_3$ 与 $Ti_5Si_3$ 混合层及 $TiAl_3$ 层，可实现钎焊结合。

③ 在采用 Al-Si 系焊丝进行 Ti/Al 异质合金氩弧焊连接过程中，Si 除了与 Ti、Al 反应形成金属间化合物外，还向 Ti-Al 金属间化合物层中发生了上坡扩散并取代了金属间化合物中的 Al 原子，形成 $Ti_x(Al，Si)_y$ 形式的置换固溶体。

# 第6章
# 焊接缺陷及断裂

在氩弧焊过程中，钛与铝通过形成由脆性 Ti-Al 金属间化合物组成的熔合区或界面反应层实现连接。受焊接热循环影响，钛合金和铝合金发生了不同程度的膨胀和收缩，铝基焊缝凝固后随着温度下降，体积也发生收缩。三部分的收缩量不同导致接头中残余应力的产生。残余应力易引起金属间化合物的开裂形成裂纹，显著降低接头的力学性能；应对焊接裂纹的形成及扩展进行研究。由显微组织分析可知，接头的薄弱区域在于 Ti/Al 过渡区。为研究焊接裂纹行为，应对氩弧焊过程中过渡区的应力分布进行分析。通过对接头断裂行为的分析可寻找接头结合较弱的区域，对指导焊接工艺改进具有重要意义。

鉴于在前期显微组织分析中，以 P-GMAW 获得的 Ti/Al 接头中未发现焊接裂纹的存在，本章仅针对 Ti/Al 填丝 GTAW 接头中的裂纹形态及分布进行分析；根据焊接热循环特点，针对焊缝冷凝过程中不同阶段的 Ti/Al 过渡区应力分布进行分析，研究不同部位过渡区残余应力的变化及分布特点；结合应力分布，分析 GTAW 过程中裂纹的形成及扩展机制。

通过对填丝 GTAW 获得的 TA15/2024Al 接头和 P-GMAW 获得的 TC4/5A06Al 进行抗拉强度测试，采用 OM、SEM 对接头的断裂路径和断口形貌进行分析，研究接头的断裂行为。

## 6.1 焊接裂纹

采用 SAl1100、SAl4043 及 SAl5356 焊丝时，在 Ti/Al 填丝 GTAW 接头中的不同部位出现了焊接裂纹。根据裂纹的位置将裂纹分为铝侧焊接热影响区（HAZ）裂纹、焊缝裂纹及 Ti/Al 过渡区裂纹三类，对这些焊接裂纹分别进行分析。

### 6.1.1 铝侧焊接热影响区

采用 SAl1100 焊丝与 SAl4043 焊丝时，铝合金近缝区 HAZ 出现的裂纹如图 6-1 所示。裂纹由接头上表面铝侧熔合区启裂，并沿接头厚度方向延伸入 HAZ 中，形成几乎贯穿接头厚度的裂纹。由图 6-1(b) 可知，裂纹在 HAZ 中沿着 α-Al 晶界扩展延伸，最终止裂于晶界处。

分析认为，由于 GTAW 焊后焊缝冷却凝固过程中体积不断缩小，在水平方向形成较大的拉应力（σ）。受到焊接热循环的作用，铝合金半熔化区附近 α-Al 晶界处低熔点 α-Al＋S＋θ 共晶组织发生了熔化，形成液态薄膜。在拉应力作用下，液态薄膜处发生开裂形成间隙。液态薄膜不足以填充间隙，即形成了液化裂纹[129]。随着焊缝的进一步冷却收缩，应力不断增大，裂纹尖端的应力集中程度不断增大，达到极限时即发生裂纹的扩展。由于受到水平方向拉应力的作用，裂纹沿接头厚度方向延伸。HAZ 中 α-Al 塑性较好而晶界共晶组织较脆，所以裂纹沿着 α-Al 晶界迅速扩展延伸，形成图 6-1 中的宏观裂纹。

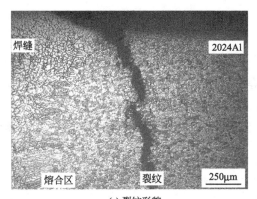

(a) 裂纹形貌      (b) 裂纹扩展

图 6-1 2024Al 合金侧 HAZ 液化裂纹

## 6.1.2 焊缝

采用 SAl4043 焊丝时，在焊缝余高顶部发现的焊接裂纹如图 6-2 所示。裂纹由焊缝上表面启裂，沿着接头厚度方向延伸至焊缝中。由图 6-2(b) 可知，裂纹基本沿着 α-Al 晶界进行扩展并止裂于焊缝中部晶界处。

采用 SAl5356 焊丝时，在焊缝中部发现的裂纹如图 6-3 所示。焊缝中部出现了多条方向基本一致的裂纹。裂纹由焊缝中部 α-Al 晶界处启裂，并沿着接头厚度方向延伸。由图 6-3(b) 可知，裂纹沿着 α-Al 晶界扩展，最终也止裂于 α-Al 晶界处。

分析认为，SAl4043 为 Al-Si 系焊丝，SAl5356 为 Al-Mg 系焊丝。填丝 GTAW 焊后，在熔池冷却凝固过程中，熔点较高的 α-Al 首先形核长大并相互接触，形成焊缝的基本骨架；并将富含 Si 或 Mg 元素的低熔点液态金属排挤至晶界。随着温度的下降，α-Al 冷却收缩。在熔池凝固后期的固-液阶段，由于焊缝的收缩导致水平方向形成较大的残余应力 σ，部分尚未发生凝固的液态晶界受应力作用发

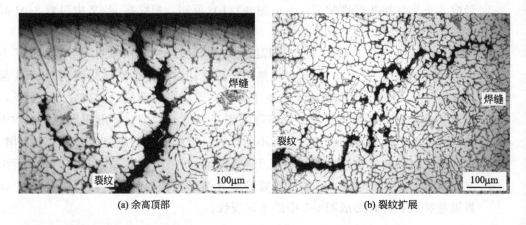

(a) 余高顶部                      (b) 裂纹扩展

图 6-2　焊缝结晶裂纹（SAl4043 焊丝）

生变形，形成间隙。若残余液态金属不足以填充这种间隙，就会使晶界发生剥离，形成图 6-3 中的结晶裂纹[42]。由于焊缝冷凝时主要受横向拉应力的作用，故形成的裂纹主要沿着接头厚度方向延伸。焊缝主要由塑性良好的 α-Al 与脆性较大的晶界共晶组织（Al＋Si 或 Al＋β 共晶组织）组成，所以裂纹优先沿着 α-Al 晶界处进行扩展。

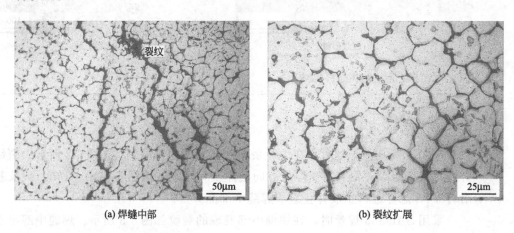

(a) 焊缝中部                      (b) 裂纹扩展

图 6-3　焊缝结晶裂纹（SAl5356 焊丝）

## 6.1.3　钛/铝结合区

采用 SAl1100、SAl4043 及 SAl5356 三种焊丝时，Ti/Al 过渡区中均出现了焊接裂纹。根据显微组织分析，裂纹主要分布在图 6-4 所示 A～C 三处位置[130]。试验目的是针对采用 SAl4043 焊丝的 TA15/2024Al 接头过渡区裂纹进行分析。

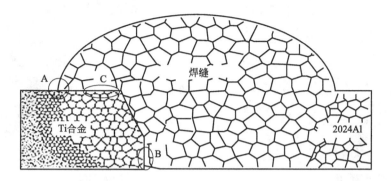

图6-4　Ti/Al过渡区裂纹分布区域

位置A处Ti/Al过渡区显微组织如图6-5所示。钛合金发生了明显熔化，与焊缝之间形成一层厚度较大的Ti/Al熔合区，熔合区内存在大量裂纹。主裂纹在靠近钛合金侧的熔合区内延伸，部分裂纹分枝发生偏转后扩展至靠近焊缝侧的熔合区内。熔合区内绝大部分裂纹基本在平行于钛合金上表面的方向扩展，并止裂于熔合区金属间化合物层内；少量裂纹分枝沿接头厚度方向穿过熔合区扩展并止裂于熔合区与焊缝金属的交界处。

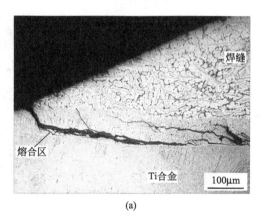
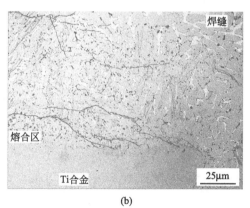

(a)　　　　　　　　　　　　　　　　　　(b)

图6-5　区域A裂纹形貌

位置B处过渡区显微组织如图6-6所示。钛与焊缝之间形成了一层厚度较小的界面反应层。界面反应层与钛合金发生剥离，形成很宽的裂纹，如图6-6（a）所示。裂纹主要沿着界面反应层与钛合金之间的界面由接头根部向上部延伸，最终在坡口拐角处偏转进入塑性相对较好的焊缝中止裂，如图6-6（b）所示。

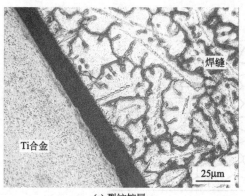

| (a) 裂纹扩展 | (b) 裂纹尖端 |

图 6-6　区域 B 裂纹形貌

位置 C 处过渡区显微组织如图 6-7 所示。钛合金受焊接电弧和高温熔滴的直接加热作用发生熔化，形成了厚度较大的熔合区，如图 6-7(a) 所示。局部熔合区的厚度甚至达到约 $150\mu m$ [图 6-7(b)]。熔合区内存在大量显微裂纹，几乎所有的裂纹都分布在连续的 $TiAl+Ti_5Si_3$ 共晶反应层内，而且绝大部分裂纹基本垂直于钛合金上表面扩展延伸。

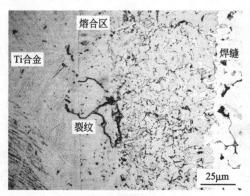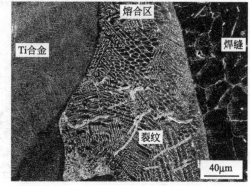

| (a) OM图片 | (b) SEM图片 |

图 6-7　区域 C 裂纹形貌

## 6.2　钛/铝结合区焊接应力

根据显微组织分析，Ti/Al 填丝 GTAW 接头钛合金上表面发生了微量熔化，形成了一定厚度的 Ti/Al 熔合区。假定熔合区为厚度均匀的一个整体，其基本热物理性质也是类似的。由于熔合区基本由 Ti-Al 金属间化合物组成,其热物理性质可等效为 Ti-Al 金属间化合物的热物理性质。

根据 Ti/Al 异质合金填丝 GTAW 特点,接头凝固过程可分为:①金属间化合物液相线温度 $T_{L1}$ 至铝基焊缝液相线温度 $T_{L2}$,②焊缝液相线温度 $T_{L2}$ 至室温 $T_0$ 两个主要阶段。在第①阶段发生 Ti-Al、Ti-Si 金属间化合物的凝固和收缩;在第②阶段发生焊缝的凝固及接头整体的冷却收缩。

## 6.2.1 应力分布

### 6.2.1.1 钛合金上表面

#### (1) $T_{L1}$ 至 $T_{L2}$ 阶段

为方便分析,建立坐标系如图 6-8 所示。规定垂直于焊缝的水平方向(焊缝横向)为 $x$ 向,焊接方向(焊缝纵向)为 $y$ 向,接头厚度方向为 $z$ 向。在 Ti/Al 熔合区内取一微元进行受力分析,如图 6-9(a) 所示。由于此时熔合区上方是液态金属,对熔合区冷却收缩的限制较小可以忽略,可认为熔合区在 $z$ 向上是自由的,不受外力作用,即 $\sigma_z = 0$。

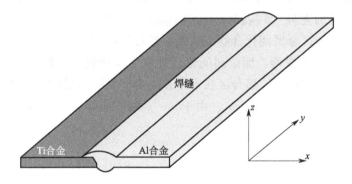

图 6-8 坐标系的确立

当熔合区金属间化合物形成之后,随着温度的降低,熔合区及与其接触的钛母材均发生收缩。由于 Ti-Al 金属间化合物与钛合金母材(α-Ti 或 β-Ti)线胀系数不同,熔合区收缩量比钛母材收缩量大,可以近似认为钛母材不发生收缩变形,而仅金属间化合物发生少量收缩。在钛母材的刚性限制下,熔合区内金属间化合物层水平方向存在拉伸内应力 $\sigma$,内应力 $\sigma$ 可以分解为 $x$、$y$ 两个方向的拉应力 $\sigma_x$、$\sigma_y$。即熔合区内 $x$、$y$ 方向均存在拉应力,如图 6-9(b) 所示。由于 $x$ 方向连续熔合区范围较小,$\sigma_x$ 数值相对较小;$y$ 方向连续熔合区范围大,$\sigma_y$ 数值相对较大。拉应力 $\sigma$ 一旦超过熔合区金属间化合物的屈服极限 $\sigma_s$,就会引起金属间化合物的开裂，形成显微裂纹。

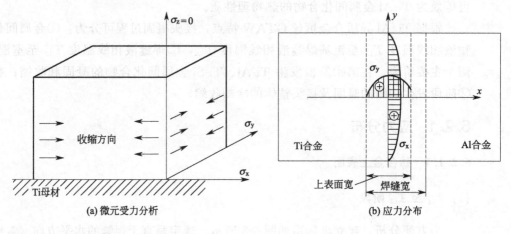

图 6-9  Ti/Al 熔合区受力分析与应力分布

## (2) $T_{L2}$ 至室温 $T_0$ 阶段

当焊缝冷却凝固后，随着温度的降低，钛母材、熔合区及焊缝均发生了收缩变形。由于三者线胀系数的差异（$\alpha_{铝焊缝} > \alpha_{熔合区} > \alpha_{钛母材}$），在相同降温条件下，铝基焊缝收缩程度最大，熔合区金属间化合物层次之，钛母材收缩程度最小。同样，可近似认为钛母材不发生收缩变形，而金属间化合物发生少量收缩；焊缝发生较大程度的收缩。在焊缝收缩作用下，熔合区在水平方向主要受到压缩应力 $\sigma$ 作用，$\sigma$ 可分解为 $x$、$y$ 两方向上的压应力 $\sigma_x$、$\sigma_y$。由于 $x$、$y$ 两方向熔合区范围大小的差异，$\sigma_y$ 值较 $\sigma_x$ 略大，如图 6-10 所示。

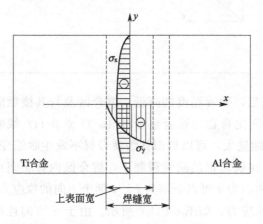

图 6-10  Ti/Al 熔合区 x、y 方向应力分布

由于焊后焊缝收缩量较大，水平方向靠近钛母材侧的熔合区受到指向余高焊缝方向的拉力 $\sigma$，$\sigma$ 可分解为 $x$ 方向的力 $\sigma_x$ 及 $z$ 方向的力 $\sigma_z$，所以近钛侧熔合区在 $z$ 方向上存在拉应力，如图 6-11(a) 所示。水平方向靠近焊缝侧的熔合区不仅受到余高焊缝收缩产生的力，还受到焊缝厚度方向收缩产生的力，两个力的合力 $\sigma'$ 指向焊缝中部某处位置。$\sigma'$ 可分解为 $x$ 方向的力 $\sigma'_x$ 及 $z$ 方向的力 $\sigma'_z$，所以近焊缝侧熔合区在 $z$ 方向上存在压应力，如图 6-11(a) 所示。故熔合区 $z$ 向应力分布如图 6-11(b) 所示。

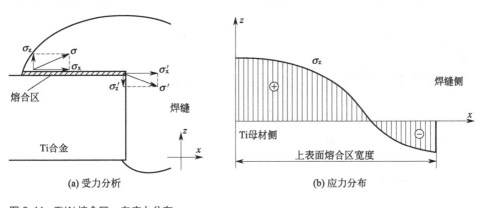

(a) 受力分析　　　　　　　　　　　　(b) 应力分布

图 6-11　Ti/Al 熔合区 $z$ 向应力分布

### 6.2.1.2　对接区

根据显微组织分析，无论采用何种合金焊丝，Ti/Al 氩弧焊接头对接区钛母材均未发生熔化。通过元素间的互扩散反应，形成厚度较小、不连续的钎焊界面反应层。焊后冷却过程也分为 $T_{L1}$ 至 $T_{L2}$、$T_{L2}$ 至 $T_0$ 两个阶段。

填丝 GTAW 过程中由于钛合金热导率比铝合金小，传热速率较小，加之焊接电弧偏向于钛合金侧，焊后冷却过程中高温区向钛合金上表面过渡区偏移[36]。接头上表面经历的焊接热循环峰值温度高，降温速率较小；对接区经历的焊接热循环峰值温度低，降温速率较大。所以，对接区焊缝体积相对较小但收缩速率较大；余高处焊缝体积相对较大但收缩速率较小。当焊缝温度相对较高时，对接区焊缝收缩量比余高处焊缝收缩量略大；温度相对较低时对接区焊缝又比余高处焊缝收缩量小。焊缝余高的形成，导致降温过程中对接区受力情况复杂化。所以，焊缝形成后，又可将 $T_{L2}$ 至 $T_0$ 阶段分为余高处焊缝收缩量小于对接区焊缝收缩量阶段 $t_1$、余高处焊缝收缩量大于对接区焊缝收缩量阶段 $t_2$ 两个阶段。

### (1) $T_{L1}$ 至 $T_{L2}$ 阶段

① 坡口处 Ti/Al 过渡区　坡口斜面上界面反应层基本呈不连续的芽状或锯齿

状结构。在 $T_{L1}$ 至 $T_{L2}$ 阶段，焊缝一直处于液态，所以可认为垂直于坡口斜面方向不存在应力。在此阶段内，钛母材和界面反应层同时发生冷却收缩时，虽然两者线胀系数存在差异，但反应层内单个芽状、锯齿状组织收缩程度很小，故钛母材对金属间化合物层的刚性限制较小；在平行于界面反应层的方向上产生的拉应力 $\sigma$ 较小。可将 $\sigma$ 分解为沿着坡口斜面并垂直于 $y$ 方向的拉应力 $\sigma_1$ 及沿 $y$ 方向的拉应力 $\sigma_y$，如图 6-12 所示。

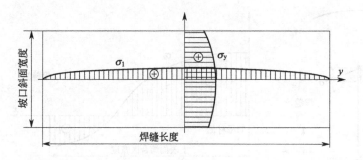

图 6-12 坡口斜面 Ti/Al 反应层应力分布

② 坡口拐角下方 Ti/Al 过渡区　坡口拐角下方界面反应层也呈不连续的锯齿状结构。由于焊缝为液态，垂直于界面反应层方向应力可以忽略，即应力 $\sigma_x = 0$。与坡口斜面情况类似，在平行于界面反应层方向产生了较小的拉应力 $\sigma$，可将 $\sigma$ 分解为沿着 $y$ 方向的拉应力 $\sigma_y$ 及沿 $z$ 方向的拉应力 $\sigma_z$，如图 6-13 所示。

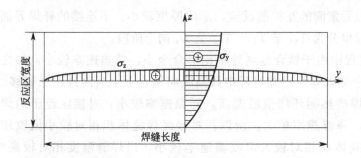

图 6-13 坡口拐角下方 Ti/Al 反应层应力分布

**(2) $T_{L2} \sim T_0$ 阶段**

① $t_1$ 阶段　在 $t_1$ 阶段，焊缝、界面反应层和钛母材发生不同程度的收缩。焊缝的收缩量最大，对界面反应层的作用较大；钛母材收缩量最小，对界面反应层存在刚性限制作用。

在此阶段内，焊缝余高收缩量小于对接区焊缝收缩量，所以在对接区所有界面反应层均受到指向焊缝中心某一区域的拉应力 $\sigma$。对接区上半部分焊缝体积大且收缩量大，下半部分焊缝体积小且收缩量较小；而坡口斜面高度为 1.5mm，超过一半的接头厚度，斜面上不同位置受 $\sigma$ 拉应力方向有所差别。坡口上部的界面反应层受力 $\sigma$ 如图 6-14(a) 所示，$\sigma$ 可分解为平行于界面斜向下方的剪切力 $\sigma_1$ 与垂直于 Ti/Al 界面斜向上方的拉应力 $\sigma_2$。接头下半部分坡口界面反应层受力 $\sigma'$ 如图 6-14(a) 所示，$\sigma'$ 可分解为平行于界面斜向上方的剪切力 $\sigma_1'$ 与垂直于 Ti/Al 界面斜向上方的拉应力 $\sigma_2'$。所以在 $t_1$ 阶段内，坡口处界面反应层均受到垂直于界面方向的拉应力作用，如图 6-14(b) 所示。

由于焊缝的线胀系数较界面反应层与钛母材大，接头厚度方向焊缝凝固收缩量很大，反应层受到焊缝的挤压作用较大；相比之下，钛母材的刚性限制作用较小。因此，在平行于界面的反应层内部主要存在压缩应力 $\sigma$ 的作用。该压缩应力 $\sigma$ 可分解为平行于坡口斜面并垂直于 $y$ 方向的压应力 $\sigma_1$ 及沿 $y$ 方向的压应力 $\sigma_y$，应力分布如图 6-14(c) 所示。

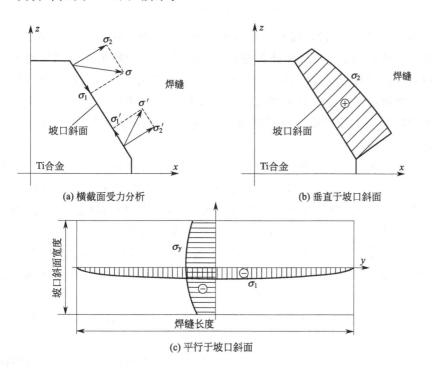

(a) 横截面受力分析　　　　(b) 垂直于坡口斜面

(c) 平行于坡口斜面

图 6-14　坡口 Ti/Al 反应层受力分析及应力分布

坡口拐角下方界面反应层经历的焊接热循环峰值温度最低，冷却速率较大，该处的焊缝率先发生冷却凝固。在 $t_1$ 阶段内，由于焊缝的收缩，该处界面反应层受到作用力 $\sigma$，如图 6-15(a) 所示。$\sigma$ 可分解为沿 $x$ 方向的拉应力 $\sigma_x$ 及沿 $z$ 方向的

应力 $\sigma_z$。同样由于铝基焊缝的大量收缩，使该处界面反应层在 $y$、$z$ 方向存在压应力 $\sigma_y$、$\sigma_z$ 作用，应力分布如图 6-15(b) 所示。

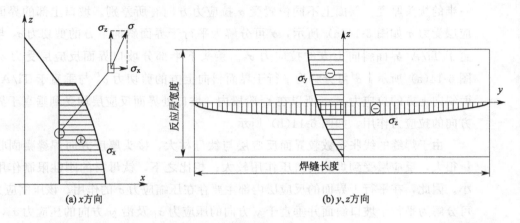

图 6-15　坡口拐角下方 Ti/Al 反应层受力分析及应力分布

② $t_2$ 阶段　在 $t_2$ 阶段，接头上表面形成较大的余高，而且余高处焊缝收缩量大于对接区焊缝收缩量。当余高处焊缝收缩量过大时，使接头发生翘边变形，导致焊缝根部位置界面反应层受到 $x$ 方向较大的拉应力 $\sigma_x$。在余高处焊缝收缩作用下，接头上部对接区焊缝受到水平方向的压缩作用。由于接头余高处焊缝与对接区焊缝体积的差别不能确定，对接区拉、压应力转换点可能处于坡口拐角下方，也可能处于坡口斜面上。

根据上述分析，对接区坡口斜面的应力分布可分为两种情形。一种拉、压应力转换点处于坡口拐角下方。坡口斜面水平方向存在压应力 $\sigma_x$，$\sigma_x$ 可分解为垂直于坡口斜面的应力 $\sigma_{x1}$ 与平行于坡口斜面的应力 $\sigma_{x2}$，如图 6-16(a) 所示。另一种是拉、压应力转换点处于坡口斜面上。坡口上半部分水平方向存在压应力 $\sigma_x$；下半部分水平方向存在拉应力 $\sigma_x'$，$\sigma_x'$ 可分解为垂直于坡口斜面的应力 $\sigma_{x1}'$ 与平行于坡口斜面的应力 $\sigma_{x2}'$，如图 6-16(b) 所示。由于铝基焊缝的大量收缩，在两种情况下，坡口处界面反应层在平行于斜面方向存在压缩力 $\sigma$ 作用，$\sigma$ 可分解为平行于斜面并垂直于 $y$ 方向的压应力 $\sigma_1$ 及 $y$ 方向的压应力 $\sigma_y$，应力分布类似于图 6-14(c) 所示。

相应地，坡口拐角下方界面反应层 $x$ 方向所受应力也分为拉、压应力转换点处于坡口拐角下方或坡口斜面上两种情况。第一种情况下，反应层上部受 $x$ 方向压应力作用，而下部受 $x$ 方向拉应力作用，$\sigma_x$ 分布如图 6-17(a) 所示。第二种情况下，反应层均受 $x$ 方向拉应力作用，$\sigma_x$ 分布如图 6-17(b) 所示。同样由于铝基焊缝的大量收缩，使该处界面反应层受到 $y$、$z$ 方向压缩力 $\sigma$ 作用，$\sigma$ 可分解为压应力 $\sigma_y$、$\sigma_z$，应力分布情况类似于图 6-15(b)。

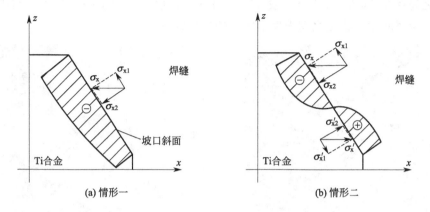

(a) 情形一                    (b) 情形二

图 6-16　坡口斜面 Ti/Al 反应层受力分析及应力分布

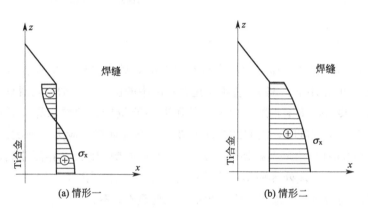

(a) 情形一                    (b) 情形二

图 6-17　坡口拐角下方 Ti/Al 反应层应力分布

## 6.2.2　裂纹的形成

分别对图 6-4 中 A～C 三处位置焊接裂纹的形成进行分析[130,131]。

**(1) 位置 A**

位置 A 处于钛合金上表面,填丝 GTAW 焊后,熔合区高熔点的 Ti-Al 脆性金属间化合物首先发生凝固。由于不同金属间化合物的晶体结构不同($Ti_3Al$ 具有 $DO_{19}$ 型六方结构,TiAl 具有 $L_{10}$ 型正方结构,$TiAl_3$ 具有 $DO_{22}$ 型正方结构),不同晶体结构的金属间化合物界面处晶格存在错配现象,存在大量位错,提高了界面能。采用 SAl4043 焊丝时,$Ti_3Al$ 反应层与 $TiAl + Ti_5Si_3$ 反应层界面如图 6-18(a)所示。由于晶格的错配,两种金属间化合物层界面处形成大量显微孔洞缺陷,结合不良。$TiAl + Ti_5Si_3$ 反应层与 $TiAl_3$ 反应层之间的界面如图 6-18(b) 所示。由

于两层之间存在 $Ti_5Al_{11}+Ti_5Si_3$ 或 $Ti_9Al_{23}+Ti_5Si_3$ 层，起到了一定的缓和组织过渡作用，金属间化合物层之间未发现明显的显微缺陷。

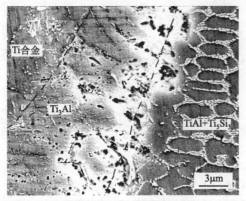
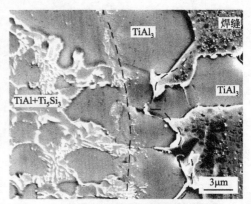

(a) $Ti_3Al/TiAl+Ti_5Si_3$ 界面    (b) $TiAl+Ti_5Si_3/TiAl_3$ 界面

图 6-18  Ti/Al 熔合区不同反应层界面

根据应力分析，铝基焊缝冷却凝固后在近钛侧 Ti/Al 熔合区内 $z$ 向存在较大的残余拉应力 $\sigma_z$。在 $\sigma_z$ 的作用下，Ti-Al 金属间化合物层中的位错发生增殖与滑移。在界面能和残余应力的共同驱使下，新产生的位错不断向能量较高的层间界面处迁移聚集。当位错聚集到一定程度时，层间结合即被破坏，形成垂直于应力方向的裂纹。熔合区内 $Ti_3Al$ 层与 $TiAl$ 层之间晶格错配度大，界面处位错密度大，界面能高，层间结合较弱。在应力作用下该处界面最先发生破坏，形成裂纹。由于位置 A 处裂纹大都是在铝基焊缝凝固后冷却收缩过程中产生的，因此具有冷裂纹特征。

由于熔合区不同金属间化合物层之间的界面为薄弱区，故裂纹形成之后，在 $z$ 向残余应力的作用下优先沿着 $Ti_3Al$ 反应层与 $TiAl+Ti_5Si_3$ 反应层界面、$TiAl+Ti_5Si_3$ 反应层与 $TiAl_3$ 反应层之间的界面扩展延伸，如图 6-19 所示。由于 Ti-Al 金属间化合物脆性大，层内存在大量位错。固此裂纹在扩展延伸过程中，可能遇到位错密度较高的区域而偏转至金属间化合物层内，形成二次分枝。这些二次分枝裂纹是由金属间化合物的脆性引起的，呈穿晶扩展形态。

**(2) 位置 B**

位置 B 处于接头根部。在填丝 GTAW 过程中，该处 Ti/Al 界面经历的焊接热循环峰值温度较低，Ti 与 Al 相互扩散反应时间较短，形成了厚度较小的钎焊界面反应层，如图 6-20 所示。界面反应层的厚度小于 $1\mu m$，反应层内存在少量微孔缺陷。钛合金与铝基焊缝之间通过形成由 Ti-Al、Ti-Si 金属间化合物组成的界面反应层实现连接。若界面反应层厚度太小，则界面结合强度小。根据应力分析，接头根部水平方向存在较大的残余拉应力 $\sigma$。在应力 $\sigma$ 作用下，结合较弱的界面即可发生破坏形成显微裂纹。由于裂纹是由焊缝凝固后，冷却收缩产生的残余应力导致的，因此也具有冷裂纹性质。

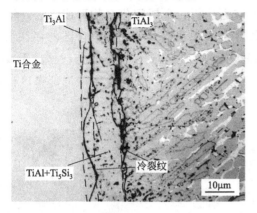

图 6-19　Ti/Al 熔合区内裂纹扩展

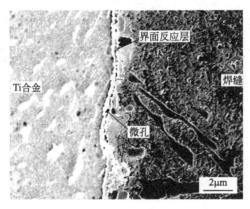

(a) 显微组织

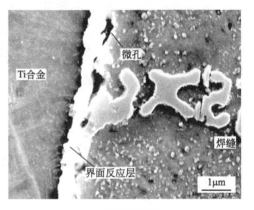

(b) 微观缺陷

图 6-20　接头根部界面反应层显微组织

　　根据显微组织分析，钎焊界面反应层与焊缝形成曲折的界面结合，增大了结合面积，结合强度较高；反应层与钛合金形成了平直、锐利的界面，组织过渡急剧，结合较弱。所以，裂纹启裂后，主要沿着钛合金与反应层之间的界面扩展。接头根部存在少量显微缺陷，缺陷尖端应力集中程度较高，为裂纹的启裂与扩展提供了必要条件，如图 6-20(b) 所示。所以，裂纹有时也穿过显微缺陷进行扩展。

**(3) 位置 C**

　　位置 C 受焊接电弧与熔滴的加热作用影响，钛合金发生大量熔化形成了厚度较大的 Ti/Al 熔合区。若焊接工艺控制不当，熔合区内可形成夹杂或显微孔洞等缺陷，见图 6-21(a)。在 Ti-Al、Ti-Si 金属间化合物形成过程中，晶内会形成大量的晶格缺陷，如空位、位错等。根据应力分析，金属间化合物形成之后，铝基焊缝凝固之前，由于金属间化合物与钛合金线胀系数的差别，熔合区内存在水平方向残余拉应力 $\sigma$。在 $\sigma$ 作用下，金属间化合物层内位错发生增殖与迁移。受残余应力和能量的驱使，位错由低能区向高能区迁移聚集。在熔合区内局部微区位错浓度过高而形成二次边界，即多变化边界。

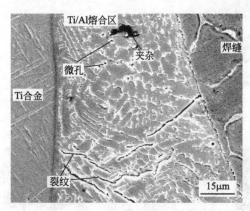

(a) 裂纹形态           (b) 多边化边界

图 6-21　接头根部界面反应层显微组织

合金成分、应力状态和温度是影响多边化裂纹的三个主要因素。三者的影响可用多边化边界形成时间 $t$ 来表征。$t$ 数值越小，产生裂纹的倾向越大。

$$t = t_0 e^{\frac{u}{RT}} \tag{6-1}$$

式中，$t_0$ 为常数；$u$ 为多边化过程需要的激活能（决定于合金成分与应力状态）；$R$ 为气体常数；$T$ 为热力学温度。根据式(6-1)，温度 $T$ 越高，$t$ 数值越小，即多边化边界形成时间越短。金属间化合物熔点高，凝固时熔合区温度尚处于较高水平，有利于多边化边界的形成。根据有效激活能 $u_e$ 的概念：

$$u_e = u - \Delta u \tag{6-2}$$

式中，$\Delta u$ 为由于应力作用而减少的多边化激活能。可知由于残余应力的存在，可以增加晶格原子的活动性，降低多边化激活能，从而促进多边化边界的形成。

在高温和应力 $\sigma$ 的共同作用下，Ti/Al 熔合区内金属间化合物层中形成大量的多边化边界。多边化边界结合较弱，在残余应力的作用下极有可能发生破坏形成多边化裂纹，如图 6-21(b) 所示。根据位错运动理论，无论是位错的滑移还是攀移，必须受到垂直于位错线的切应力作用。C处熔合区主要受到水平方向拉应力 $\sigma$ 的作用，所以位错发生迁移聚集后，形成的多边化边界基本垂直于 $\sigma$ 方向；裂纹优先沿多边化边界启裂并扩展，形成图 6-21 中基本垂直于钛合金上表面的裂纹。

# 6.3　焊接接头的断裂

## 6.3.1　填丝钨极氩弧焊接头

采用 SAl4047 焊丝时，Ti/Al 异质接头发生错边，拉伸过程中受力较为复杂。以下仅对采用 SAl4043 的 Ti/Al 接头的断裂行为进行分析。Ti/Al 异质接头的破坏存在 Ti/Al 过渡区附近断裂与铝侧 HAZ 断裂两种方式。

**(1) 钛/铝结合区断裂**

在拉伸过程中，Ti/Al 过渡区附近断裂的接头宏观形貌如图 6-22 所示。接头主要断裂于 Ti/Al 过渡区中。由于接头正、反面两侧焊缝存在余高，因此部分断裂发生在余高部分的铝基焊缝中。根据图 6-22(b)，对接区 Ti/Al 过渡区处断口具有平滑的表面，主要表现为脆性断裂。

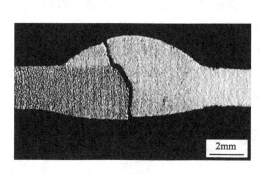

(a) 横截面

(b) 断裂面

图 6-22　Ti/Al 界面断裂试样

坡口斜面处存在两种不同的断口形貌。大部分断口具有平滑的断面，表现为脆性断裂，断面上存在大量微小的孔洞，如图 6-23(a) 所示。对断面进行 EDS 元素分析，Ti 元素原子分数为 86.32%，Al 元素原子分数约为 12.35%，Si 元素原子分数约为 1.33%，说明该区域为 α-Ti。在断面上还存在大量的台阶状区域，具有明显的撕裂棱，如图 6-23(b) 所示。对该区进行 EDS 元素分析，Ti 元素原子分数为 3.82％，Al 元素原子分数约为 74.11％，Si 元素原子分数约为 22.06％，说明该区域为铝基焊缝。即在拉伸过程中，坡口斜面处断裂主要发生在 α-Ti/TiAl₃ 界面处，也有局部发生在 Ti/Al 过渡区附近的焊缝金属中。

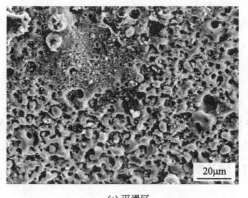 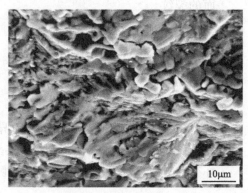

(a) 平滑区      (b) 台阶状区

图 6-23 坡口斜面断口形貌

在坡口斜面上存在少量图 6-24(a) 所示的椭圆状区域，区内存在不同的断口形态，见图中 A、B 区域。A 区断口呈台阶状，存在少量的撕裂棱，表现为脆性断裂，见图 6-24(b)。经 EDS 分析，A 区 Ti 原子分数约为 37％，Al 原子分数约为 54％，Si 原子分数约为 6％，该区应由多种 Ti-Al 金属间化合物（TiAl、Ti₉Al₂₃、TiAl₃ 等）组成。B 区呈典型的河流状解理断面，也表现为脆性断裂，见图 6-24(c)。经 EDS 分析，B 区 Ti 原子分数约为 48％，Al 原子分数约为 44％，Si 原子分数约为 8％，可知 B 区主要由金属间化合物 TiAl 组成。还可知椭圆状区内钛合金发生了微量熔化，与焊缝反应形成多种金属间化合物。

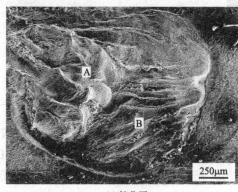 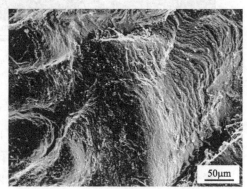

(a) 熔化区      (b) A 区域

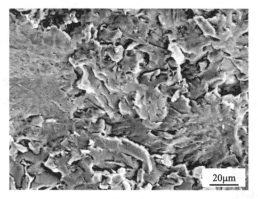

(c) B区域

图 6-24 Ti/Al 熔合区断口形貌

坡口拐角下部绝大部分断口光滑平整，表面存在大量条状纹理和少量撕裂台阶，表现为脆性断裂，经 EDS 元素分析可知该区为 α-Ti。断口表面存在极少量絮状物，见图 6-25(a)。经 EDS 分析 Ti 元素原子分数约为 43%，Al 元素原子分数约为 7%，O 元素原子分数约为 47%，说明絮状物应是 $TiO_2$。接头根部存在极少量颗粒状物，见图 6-25(b)。对其进行 EDS 分析，Al 元素原子分数约为 31.97%，O 元素原子分数约为 68.03%，该颗粒状物应为 $Al_2O_3$。在填丝 GTAW 过程中，$TiO_2$ 夹杂的可能来源有两种情况：一是焊前钛合金母材表面残存的 $TiO_2$ 氧化膜；二是施焊过程中 Ar 气氛中混入了 $O_2$ 气体，在高温下与钛作用形成 $TiO_2$。$Al_2O_3$ 夹杂可能的来源有三种情况：一是焊前铝合金母材表面残存的 $Al_2O_3$ 氧化膜；二是施焊过程中 Ar 气氛中混入了 $O_2$ 气体，在高温下与铝作用形成 $Al_2O_3$；三是采用的焊丝表面残存的 $Al_2O_3$ 氧化膜。两种氧化物夹杂均为硬脆相，会引起 Ti/Al 过渡区应力集中并发生开裂，成为接头断裂的启裂源。

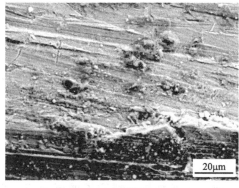

(a) 平滑区  (b) 氧化区

图 6-25 坡口拐角下部断口形貌

对接头余高处焊缝断口进行 SEM 分析，如图 6-26 所示。焊缝主要由塑性较好的 α-Al 与晶界 α-Al＋Si 共晶组织组成，其间还存在少量 TiAl₃ 析出相。在拉伸过程中，受应力作用焊缝发生塑性变形。当拉伸位移超过脆性较大的区域（如晶界 Al＋Si 共晶、TiAl₃ 析出相/焊缝界面）的塑性储备极限时，该区率先发生开裂，形成相对光滑的表面。塑性较好的区域继续发生塑性变形，最后发生撕裂，形成大量撕裂棱。故焊缝表现为塑性＋脆性混合型断裂方式。

图 6-26　余高处焊缝断口形貌

结合上述分析，TA15/2024Al 异质接头由 Ti/Al 过渡区处断裂过程为：

① 对接区 Ti/Al 过渡区主要由 Ti₅Si₃ 与 TiAl₃ 组成的界面反应层组成，α-Ti 与界面反应层之间存在平直锐利的界面。由于 α-Ti 为密排六方结构，而 TiAl₃ 为 DO₂₂ 型正方结构，两部分晶体结构不同，因此在界面处晶格错配形成大量位错。在拉伸过程中，α-Ti 与 TiAl₃ 受力变形时发生位错的增殖与迁移。为降低体系能量，位错向 α-Ti/TiAl₃ 界面处迁移聚集。当位错密度过高时，在界面处形成显微裂纹或孔洞缺陷，成为接头破坏的启裂源。

EDS 分析表明在接头根部 Ti/Al 界面处存在微量 TiO₂、Al₂O₃ 夹杂（图 6-25）。TiO₂ 与 Al₂O₃ 均为硬脆的陶瓷相，在 Ti/Al 过渡区中形成夹杂。在填丝 GTAW 焊后的降温过程中，氧化物夹杂受残余应力影响极易发生开裂形成微裂纹，成为接头破坏的一种启裂源。另外，坡口斜面上局部微区发生了微量熔化，形成 Ti/Al 熔合区。熔合区内脆性 Ti-Al 金属间化合物层在形成过程中也有可能形成裂纹，也可成为接头破坏的启裂源。

② 微裂纹形成之后主要沿着位错密度较高的 α-Ti/TiAl₃ 界面处扩展，呈脆性断裂方式。由于 TiAl₃ 呈不连续的芽状或锯齿状结构，裂纹扩展至 α-Ti、TiAl₃、α-Al＋Si 共晶三种组织的交界处受阻，极有可能偏转进入焊缝中，形成局部的塑性断裂区域。

③ 与 Ti/Al 过渡区相比，焊缝组织具有较好的塑性，在过渡区发生断裂后，余高处焊缝继续发生塑性变形。当裂纹沿过渡区扩展至余高根部时，裂纹尖端应力集中降低了其附近焊缝组织的塑性储备，引起焊缝组织的快速断裂，最终接头全部发生断裂。

**(2) 铝侧 HAZ 断裂**

在拉伸过程中，接头由铝侧 HAZ 中断裂时的断口宏观形貌如图 6-27 所示。接头全部断裂于 2024Al 侧 HAZ 中；接头沿其厚度方向发生断裂，形成粗糙的断口表面。

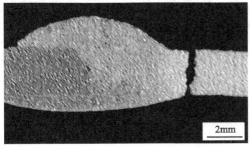

(a) 横截面　　　　　　　　　　　　(b) 断裂面

图 6-27　铝侧 HAZ 断裂试样

铝侧 HAZ 断口 SEM 形貌如图 6-28 所示。断口表面极不平整，存在大量撕裂棱，说明 HAZ 在断裂之前发生了一定的塑性变形，故接头以塑性断裂为主。由于 α-Al 晶界由脆性的 α-Al＋Si 共晶组织组成，容易发生沿晶脆性断裂，断口局部微区存在光滑的 α-Al 晶粒表面 [图 6-28 (b)]。故接头沿铝侧 HAZ 断裂时为塑性＋脆性混合型断裂方式。

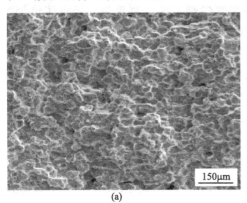
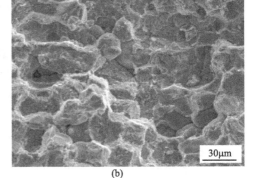

(a)　　　　　　　　　　　　　　(b)

图 6-28　铝侧 HAZ 断口 SEM 形貌

在铝侧 HAZ 断口中存在如图 6-29 所示的区域。断面全部由光滑的 α-Al 晶粒表面组成，α-Al 晶粒未发生明显的变形，说明拉伸测试之前晶界可能已经发生剥离，该区域应为液化裂纹区。

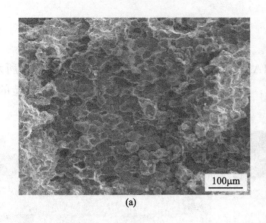
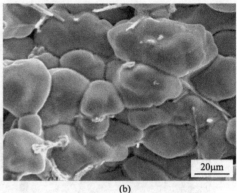

图 6-29　铝侧断口处液化裂纹

结合上述分析，TA15/2024Al 异质接头由铝合金侧 HAZ 断裂的过程为：

① 由于 2024Al 为热处理强化合金，在 GTAW 过程中受焊接热循环影响 HAZ 组织软化，导致组织性能降低。近缝区 HAZ 晶界低熔点共晶组织发生熔化，在残余应力作用下形成液化裂纹。液化裂纹不仅减小了接头的结合面积，也为接头破坏提供了启裂源，进一步降低了接头的力学性能，所以接头抗拉强度低，约为74 MPa。

② 随着拉伸过程的进行，铝侧 HAZ 内 α-Al 由弹性变形转变为塑性变形，晶内发生位错的增殖与迁移。为降低体系能量，位错向应力集中位置迁移聚集。在液化裂纹尖端存在应力集中，位错向裂纹尖端不断迁移聚集，降低了该处组织断裂所需的能量。当拉伸位移超过该区塑性储备极限时，组织开裂，发生裂纹的扩展。

③ 在无液化裂纹的区域，脆性较大的晶界 α-Al＋Si 共晶组织塑性储备极限较小，率先发生断裂形成微裂纹。这些显微裂纹为组织的进一步破坏提供了启裂源。而塑性较好的 α-Al 晶粒发生塑性形变最终被撕裂，接头破坏后形成大量撕裂棱。

### 6.3.2　脉冲熔化极氩弧焊接头

根据第 4 章力学性能分析结果，采用 SAl4043 焊丝的 TC4/5A06Al 异质 P-GMAW 接头存在两种拉伸断裂方式：一是主要断裂于 Ti/Al 界面处；二是主要断裂于靠近 Ti/Al 界面的焊缝金属中。以下分别对这两种断裂方式进行分析。

**（1）Ti/Al 界面处断裂**

当焊接热输入在 0.94～1.25 kJ/cm 范围时，接头主要断裂于 Ti/Al 界面附近，接头宏观断裂形貌如图 4-23(a) 所示，断裂面平直锐利，整个断裂面均表现为脆性断裂。中上部断裂面形貌则如图 6-30(a) 所示，断裂面整体较为平整，但也存在较为粗糙的凸起部分。分别对这两种结构进行 EDS 元素分析，发现较平整的区域 Ti、Al 原子比约为 1:3，应是 $TiAl_3$；凸起部分主要由 Al、Si 元素构成，应是焊缝组织。说明拉伸断裂时，裂纹主要沿着 $TiAl_3$ 层与焊缝之间的界面发生扩展，在偶然状态下会偏折进入焊缝组织中。

接头根部断裂形貌如图 6-30(b) 所示，基本上与中上部一致；但在接近边缘位置，出现了大量白亮色颗粒状物质，对该区域进行 EDS 元素分析时发现，含有大量 O 元素。说明焊接时焊缝背面保护不良，生成了一定量的氧化物。氧化物夹杂的存在，极大地影响了接头的组织性能。

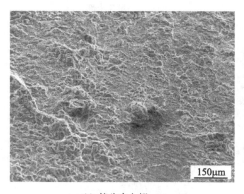
(a) 接头中上部

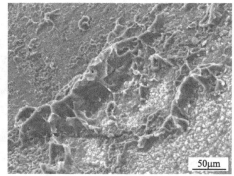
(b) 接头根部

图 6-30　Ti/Al 界面处断口形貌

为分析接头的断裂方式，可沿接头厚度方向等间距选取四处位置的 Ti/Al 界面进行显微组织分析，结果如图 6-31 所示。接头顶部及中上部虽然受到过热液态金属和焊接电弧的直接作用，但由于焊接热输入较小，钛合金与铝基焊缝之间通过冶金反应形成了平均厚度仅约 1 μm 的芽状界面反应层。结合前文界面结构的分析，该反应层主要由 $TiAl_3$ 组成；接头中下部受焊接电弧的直接加热作用小，焊接热输入相比中上部更小，钛合金与焊缝之间仅形成了一层厚约 0.5 μm 的 $TiAl_3$ 界面反应层。由分析可知，当焊接热输入较小时，钛合金与焊缝之间冶金反应不足，形成的界面反应层厚度过小，不能保证 Ti/Al 钎焊界面的结合强度。

接头根部几乎看不到 $TiAl_3$ 界面反应层的存在，界面处存在大量颗粒状亮色相，经 EDS 元素分析，发现颗粒中 Al、O 原子比约为 2:3，应是氧化物 $Al_2O_3$。

接头根部焊接热输入过小，使得钛合金与焊缝之间几乎不发生冶金反应，导致 Ti/Al 界面结合不良；而颗粒状 $Al_2O_3$ 的存在，更是削弱了钎焊界面结合面积，使接头根部极易开裂。结合上述分析，TC4/5A06Al 异质接头由 Ti/Al 界面处断裂过程为：

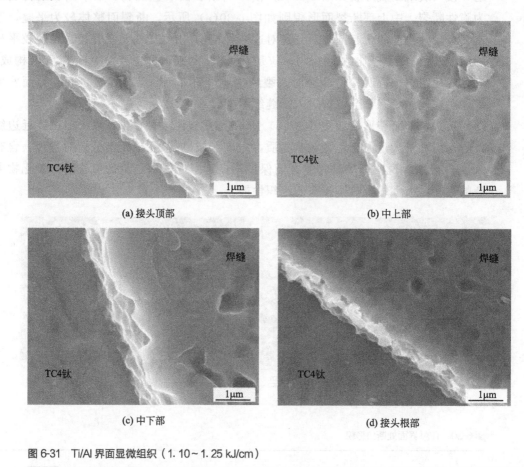

图 6-31　Ti/Al 界面显微组织（1.10~1.25 kJ/cm）

① 结合力学分析，在拉伸应力作用下，接头内部沿着与拉伸方向呈 45°的方向形成较大剪切应力，该应力方向几乎与 Ti/Al 界面方向一致。Ti/Al 界面处承受着复杂的拉应力和剪切应力。接头根部 $Al_2O_3$ 氧化物夹杂与钛合金及焊缝金属之间存在严重的晶格错配，为裂纹的产生提供了潜在的裂纹源；加之根部 Ti/Al 界面本身存在结合不良现象，在较低应力下即发生开裂，形成微裂纹。

② 接头其他部位的 Ti/Al 界面处虽然形成了 $TiAl_3$ 反应层，但反应层厚度太小。而 $TiAl_3$ 与铝基焊缝金属之间的晶格错配大于其与钛合金之间的错配度。因此，产生的微裂纹在 $TiAl_3$ 层与焊缝金属之间迅速发生扩散延伸，导致接头主要在 $TiAl_3$/焊缝界面处发生断裂。

③ 在 Ti/Al 界面的某些位置，微裂纹的扩展延伸受到界面处芽状 TiAl₃ 的阻碍作用，有一定的概率偏转进入焊缝组织中，所以接头断面处会有部分凸起的焊缝结构。

**(2) 焊缝中断裂**

当焊接热输入在 1.20～1.66 kJ/cm 范围时，接头主要断裂于靠近 Ti/Al 界面的焊缝金属中，接头宏观断裂形貌如图 4-23(b) 所示，断裂路径较为曲折。当焊接热输入为 1.42～1.55 kJ/cm 时，接头断面整体形貌如图 6-32(a) 所示，接头主要在焊缝处断裂，断裂于 Ti/Al 界面处（根部）的面积约占所有断面的 15％～20％。根据 SEM、EDS 分析发现，接头根部 Ti/Al 界面处断裂形貌与图 6-30 基本一致，此处不再赘述。焊缝处断面形貌如图 6-32(b) 所示，断面存在大量撕裂韧窝，主要表现为塑性断裂方式；但进一步研究发现，由于焊缝背面保护不良，焊缝中存在一定量气孔，不利于接头的综合性能。

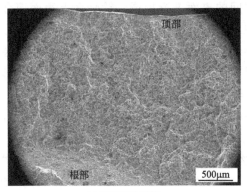

(a) 断面整体形貌

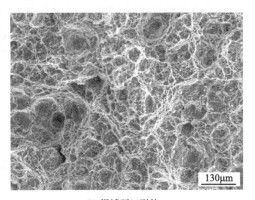

(b) 焊缝断口形貌

图 6-32 Ti/Al 界面处断口形貌（1.42～1.55kJ/cm）

结合图 4-22 显微组织分析，TC4/5A06Al 异质接头主要在焊缝中断裂过程为：

① 接头根部 Ti/Al 界面由于结合较弱 [图 4-22(d)]，应是接头断裂破坏的裂纹源之一，在拉伸应力作用下，该区域率先发生裂纹启裂。

② 由于 TiAl₃ 界面反应层与焊缝金属晶体结构差异比与钛合金基体的差异大，破坏两者的结合需要的能量较小，所以裂纹启裂位置处于 TiAl₃ 界面反应层与焊缝金属界面处。当微裂纹产生后，在拉伸应力作用下，优先沿着 TiAl₃ 层与焊缝的界面进行扩展。

③ 当裂纹沿 TiAl₃/Al 界面向接头中上部扩展并到达 TiAl₃ 呈芽状向焊缝金属中延伸区域时，受到芽状 TiAl₃ 的阻碍作用，偏转进入焊缝金属中，裂纹开始沿着拉伸应力最大的方向在焊缝中扩展延伸。

④ 由于焊接过程中的保护问题，焊缝中存在少量气孔：一方面气孔的存在减少了接头焊缝金属的结合面积，影响接头的综合力学性能；另一方面，在拉伸力的作用下，气孔也可作为接头断裂破坏的裂纹源，发生裂纹的启裂和扩展。

在两种裂纹源提供的应力集中下，微裂纹在焊缝金属中迅速扩展延伸，导致接头快速破坏。

# 6.4 小结

① 在 Ti/Al 填丝 GTAW 接头中，Ti/Al 过渡区内容易产生焊接裂纹的部位有：钛侧余高末端的 Ti/Al 熔合区、接头根部 Ti/Al 界面反应层、钛合金上表面厚度较大的 Ti/Al 熔合区。

② 在 Ti/Al 填丝 GTAW 接头中，钛侧余高末端 Ti/Al 熔合区内存在垂直于钛合金表面的拉应力，导致熔合区内脆性金属间化合物的开裂；裂纹形成后主要沿着熔合区内不同金属间化合物层之间的界面进行扩展。钛合金上表面熔合区在形成过程中极易形成多边化边界，在水平方向的拉应力作用下发生开裂，形成裂纹；裂纹形成之后主要沿多边化边界继续扩展。接头根部 Ti/Al 界面反应层厚度小且结合弱，反应层内存在垂直于界面方向的拉应力，导致界面发生剥离形成裂纹；裂纹主要沿接头厚度方向钛合金与反应层之间的界面进行扩展。

③ 在 Ti/Al 填丝 GTAW 接头中，拉伸时存在 Ti/Al 过渡区断裂及铝合金 HAZ 断裂两种破坏方式。当 Ti/Al 过渡区处断裂时，裂纹源有接头根部 $\alpha$-Ti/TiAl$_3$ 结合界面，TiO$_2$、Al$_2$O$_3$ 氧化物夹杂，Ti/Al 熔合区内的裂纹三种形式；接头主要沿着 $\alpha$-Ti/TiAl$_3$ 界面处断裂，局部断裂发生在 Ti/Al 过渡区附近的焊缝中。铝侧 HAZ 中液化裂纹是接头由铝侧 HAZ 处破坏的裂纹源；接头全部断裂于靠近熔合区的 HAZ 中。

④ 在 Ti/Al 异质 P-GMAW 接头中，拉伸时存在 Ti/Al 界面处断裂及近界面焊缝中断裂两种破坏方式。当 Ti/Al 界面处断裂时，裂纹源有 Ti/Al 结合不良区域和 Al$_2$O$_3$ 等氧化物夹杂；接头主要沿 TiAl$_3$/焊缝界面处断裂。当主要沿近界面焊缝中断裂时，裂纹源有根部 Ti/Al 结合较弱区和焊缝中的气孔；接头中上部断裂于靠近 Ti/Al 界面的焊缝中，根部区域则主要断裂于 TiAl$_3$/焊缝界面处。

# 参考文献

[1] 赵永庆，辛社伟，陈永楠，等．新型合金材料——钛合金 [M]．北京：中国铁道出版社，2017．

[2] 邹武装．钛手册 [M]．北京：化学工业出版社，2012．

[3] 黄张洪，曲恒磊，邓超，等．航空用钛及钛合金的发展及应用 [J]．材料导报 A：综述篇，2011，25 (1)：102-107．

[4] 曹春晓．钛合金在大型运输机上的应用 [J]．稀有金属快报，2006，25 (1)：17-21．

[5] 李重和，朱明，王宁，等．钛合金在飞机上的应用 [J]．稀有金属，2009，33 (1)：84-90．

[6] 张绪虎，单群，陈永来，等．钛合金在航天飞行器上的应用和发展 [J]．中国材料进展，2011，30 (6)：28-30．

[7] 倪沛彤，韩明臣，张英明，等．宇航飞行器紧固件用钛合金的发展 [J]．钛工业进展，2012，29 (3)：6-10．

[8] 杨英丽，罗媛媛，赵恒章，等．我国舰船用钛合金研究应用现状 [J]．稀有金属材料与工程，2011，40 (S2)：538-544．

[9] 李献军，王镐，马忠贤，等．钛在舰船领域的应用及前景 [J]．中国钛业，2012 (2)：3-7．

[10] FROES F H，FRIEDRICH H，KIESE J，et al. Titanium in the family automobile：the cost challenge [J]．Journal of Management，2004，56 (2)：40-44．

[11] 李中，陈伟，王宪梅，等．钛在汽车上的应用 [J]．世界有色金属，2010 (6)：66-69．

[12] 宋西平．钛合金在汽车零件上的应用现状及研发趋势 [J]．钛工业进展，2007，24 (5)：9-13．

[13] 刘兵，彭超群，王日初，等．大飞机用铝合金的研究现状及展望 [J]．中国有色金属学报，2010，20 (9)：1705-1714．

[14] 董春林，栾国红，关桥，等．搅拌摩擦焊在航空航天工业的应用发展现状与前景 [J]．焊接，2008 (11)：5-31．

[15] 王渠东，王俊，吕维洁．轻合金及其工程应用 [M]．北京：机械工业出版社，2015．

[16] 李成功，巫世杰，戴圣龙，等．先进铝合金在航空航天工业中的应用与发展 [J]．中国有色金属学报，2002，12 (S)：14-21．

[17] 程丽霞，陈昇，蒋显全，等．液化天然气运输船及储罐用材料的研究进展 [J]．材料导报，2013，27 (1)：71-74．

[18] 何梅琼．铝合金在造船业中的应用与发展 [J]．世界有色金属，2005 (11)：26-28．

[19] 韩方圆，崔令江．铝合金板材在汽车生产中的应用 [J]．锻压装备与制造技术，2013，48 (3)：85-88．

[20] 陈永雄，魏世丞，梁秀兵，等．铝合金发动机缸盖的再制造技术研究 [J]．材料工程，2012，27 (6)：16-20．

[21] 李晓红，毛唯，曹春晓，等．钎焊与扩散焊在航空制造业中的应用 [J]．航空制造技术，2004 (11)：8-32．

[22] Daniel Sanders，Paul Edwards，Glenn Grant，et al. Superplastically formed friction stir welded tailored aluminum and titanium blanks for aerospace applications [J]．Journal of Materials Engineering and Performance，2010，19 (4)：515-520．

[23] 曲文卿，张彦华，庄鸿寿，等．钛合金与铝合金钎焊工艺试验研究 [J]．金属学报，2002，38 (S)：311-314．

[24] 兰天. 铝/钛异种金属激光焊接研究 [D]. 北京: 北京工业大学, 2009.

[25] Möller F, THOMY C, VOLLERTSEN F. Joining of titanium-aluminium seat tracks for aircraft applications-system technology and joint properties [J]. Welding in the World, 2012, 56 (3-4): 108-114.

[26] VAIDYA W V, HORSTMANN M, VENTZKE V, et al. Improving interfacial properties of a laser beam welded dissimilar joint of aluminium AA6056 and titanium Ti6Al4V for aeronautical applications [J]. Journal of Materials Science, 2010, 45 (22): 6242-6254.

[27] Wang F Z, Wang Q Z, Yu B H, et al. Interface structure and mechanical properties of Ti (C, N) - based cermet and 17-4PH stainless steel joint brazed with nickel-base filler metal BNi-2 [J]. Journal of Materials Processing Technology, 2011, 211 (11): 1804-1809.

[28] KUNDU S, SAM S, CHATTERJEE S. Interface microstructure and strength properties of Ti-6Al-4V and microduplex stainless steel diffusion bonded joints [J]. Materials and Design, 2011, 32 (5): 2997-3003.

[29] KUNDU S, ROY D, CHATTERJEE S, et al. Influence of interface microstructure on the mechanical properties of titanium/17-4 PH stainless steel solid state diffusion bonded joints [J]. Materials and Design, 2012, 37: 560-568.

[30] Song J L, Lin S B, Yang C L, et al. Spreading behavior and microstructure characteristics of dissimilar metals TIG welding-brazing of aluminum alloy to stainless steel [J]. Materials Science and Engineering A, 2009, 509 (1-2): 31-40.

[31] Song J L, Lin S B, Yang C L, et al. Effects of Si additions on intermetallic compound layer of aluminum-steel TIG welding-brazing joint [J]. Journal of Alloys and Compounds, 2009, 488 (1): 217-222.

[32] Woong H Sohn, Ha H Bong, Soon H Hong. Microstructure and bonding mechanism of Al/Ti bonded joint using Al-10Si-1Mg filler metal [J]. Materials Science and Engineering A, 2003, 355 (1-2): 231-240.

[33] Yao Wei, Wu Aiping, Zou Guisheng. Formation process of the bonding joint in Ti/Al diffusion bonding [J]. Materials Science and Engineering A, 2008, 480 (1-2): 456-463.

[34] Ulrike Dressler, Gerhard Biallas, Ulises Alfaro Mercado. Friction stir welding of titanium alloy TiAl6V4 to aluminium alloy AA2024-T3 [J]. Materials Science and Engineering A, 2009, 526 (1-2): 113-117.

[35] Masayuki Aonuma, Kazuhiro Nakata. Dissimilar metal joining of 2024 and 7075 aluminium alloys to titanium alloys by friction stir welding [J]. Materials Transactions, 2011, 52 (5): 948-952.

[36] 吕世雄, 敬小军, 黄永宪, 等. Ti/Al异种合金电弧熔-钎焊接头温度场与界面微观组织 [J], 金属学报, 2012, 33 (7): 13-16.

[37] Choi Don-Hyun, Ahn Byung-Wook, Lee Chang-Yong, et al. Formation of intermetallic compounds in Al and Mg alloy interface during friction stir spot welding [J]. Intermetallics, 2011, 19 (2): 125-130.

[38] MAJUMASR B, GALUN R, WEISHEIT A, et al. Formation of a crack-free joint between Ti alloy and Al alloy by using a high-power $CO_2$ laser [J]. Journal of Materials Science, 1997, 32 (23): 6191-6200.

[39] 长崎诚三, 平林真. 二元合金状态图集 [M]. 刘安生, 译. 北京: 冶金工业出版社, 2004.

[40] 肖亚庆，谢水生，刘静安，等.铝加工技术实用手册 [M].北京：冶金工业出版社，2012.

[41] 李亚江.先进材料焊接技术 [M].北京：化学工业出版社，2005.

[42] 周万盛，姚俊山.铝及铝合金的焊接 [M].北京：机械工业出版社，2006.

[43] Ma Zhipeng, Zhao Weiwei, Yan Jiuchun, et al. Interfacial reaction of intermetallic compounds of ultrasonic-assisted brazed joints between dissimilar alloys of Ti-6Al-4V and Al-4Cu-1Mg [J]. Ultrasonics Sonochemistry, 2011, 18: 1062-1067.

[44] Chang S Y, Tsao L C, Lei Y H, et al. Brazing of 6061 aluminum alloy/ Ti-6Al-4V using Al-Si-Cu-Ge filler metals [J]. Journal of Materials Processing Technology, 2012, 212 (1): 8-14.

[45] 曾浩.TC4 钛合金与 LY12 铝合金的扩散焊接研究 [D].武汉：武汉理工大学，2010.

[46] 姚为，吴爱萍，邹贵生，等.Ti/Al 扩散焊的接头组织结构及其形成规律 [J].稀有金属材料与工程，2007，36 (4)：700-704.

[47] 姚为，吴爱萍，邹贵生，等.LF6/TA2 扩散焊接接头组织结构及性能 [J].焊接学报，2007，28 (12)：89-92.

[48] Yao Wei, Wu Aiping, Zou Guisheng, et al. 5A06/TA2 diffusion bonding with Nb diffusion-retarding layers [J]. Materials Letters, 2008, 62 (17-18): 2836-2839.

[49] ALHAZAA A N, KHAN T I. Diffusion bonding of Al7075 to Ti-6Al-4V using Cu coatings and Sn-3.6Ag-1Cu inter-layers [J]. Journal of Alloys and Compounds, 2010, 494 (1-2): 351-358.

[50] Ren Jiangwei, Li Yajiang, Feng Tao. Microstructure characteristics in the interface zone of Ti/Al diffusion bonding [J] Materials Letters, 2002, 56 (5): 647-652.

[51] Li Yajiang, Wang Juan, Liu Peng, et al. Microstructure and XRD analysis near the interface of Ti/Al diffusion bonding [J]. Journal for the Joining of Materials, 2005, 17 (2): 53-57.

[52] 李亚江，GERASIMOV S A，王娟，等.Ti/Al 异种材料真空扩散焊及界面结构研究 [J].材料科学与工艺，2007，15 (2)：206-210.

[53] 徐国庆，曾岗，牛济泰，等.Al/Ti 的扩散焊工艺 [J].焊接，2000，3：21-24.

[54] ALHAZAA A N, KHAN T I, HAQ I. Transient liquid phase (TLP) bonding of Al 7075 to Ti-6Al-4V alloy [J]. Materials Characterization, 2010, 61 (3): 312-317.

[55] KENEVISI M S, MOUSAVI KHOIE S M. A study on the effect of bonding time on the properties of Al7075 to Ti-6Al-4V diffusion bonded joint [J]. Materials Letters, 2012, 76: 144-146.

[56] KENEVISI M S, MOUSAVI KHOIE S M. An investigation on microstructure and mechanical properties of Al 7075 to Ti-6Al-4V transient liquid phase (TLP) bonded joint [J]. Materials and Design, 2012, 38: 19-25.

[57] KENEVISI M S, MOUSAVI KHOIE S M, ALAEI M. Microstructural evaluation and mechanical properties of the diffusion bonded Al/Ti alloys joint [J]. Mechanics of Materials, 2013, 64: 69-75.

[58] FUJI A, AMEYAMA K, NORTH T H. Influence of silicon in aluminium on the mechanical properties of titanium/aluminium friction joints [J]. Journal of Materials Science, 1995, 30 (20): 5185-5191.

[59] 白建红，傅莉，杜随更.钛合金/纯铝异种金属摩擦焊接工艺 [J].焊接学报，2006，27 (11)：50-52.

[60] 傅莉，杜随更，白建红.TC4 钛合金与 LD10 铝合金感应摩擦焊接头的组织与性能 [J].中国有色金属学报，2007，17 (2)：228-232.

[61] THOMAS W M, NICHOLAS E D, NEEDHAM J C, et al. GB Patent Application No. 9125978.8,

December 1991.

[62] Chen Y C, NAKATA K. Microstructural characterization and mechanical properties in friction stir welding of aluminum and titanium dissimilar alloys [J]. Materials and Design, 2009, 30 (3): 469-474.

[63] Chen Yuhua, Ni Quan, Ke Liming. Interface characteristic of friction stir welding lap joints of Ti/Al dissimilar alloys [J]. Transactions of Nonferrous Metals Society of China, 2012, 22: 299-304.

[64] 陈玉华, 董春林, 倪泉, 等. 钛合金/铝合金搅拌摩擦焊接头的显微组织 [J]. 中国有色金属学报, 2010, 20 (S1): 211-214.

[65] 陈玉华, 倪泉, 黄春平, 等. 钛/铝异种金属搅拌摩擦焊搭接接头的组织结构 [J]. 焊接学报, 2011, 32 (9): 73-76.

[66] Wei Yanni, Li Jinglong, Xiong Jiangtao, et al. Joining aluminum to titanium alloy by friction stir lap welding with cutting pin [J]. Materials Characterization, 2012, 71: 1-5.

[67] Ki-Sang Bang, Kwang-Jin Lee, Han-Sur Bang, et al. Interfacial microstructure and mechanical properties of dissimilar friction stir welds between 6061-T6 aluminum and Ti-6% Al-4% V alloys [J]. Materials Transactions, 2011, 52 (5): 974-978.

[68] Song Zhihua, Nakata Kazuhiro, Wu Aiping, et al. Influence of probe offset distance on interfacial microstructure and mechanical properties of friction stir butt welded joint of Ti6Al4V and A6061 dissimilar alloys [J]. Materials and Design, 2014, 57: 269-278.

[69] Li Bo, Zhang Zhenhua, Shen Yifu, et al. Dissimilar friction stir welding of Ti-6Al-4V alloy and aluminum alloy employing a modified butt joint configuration: Influence of process variables on the weld interfaces and tensile properties [J]. Materials and Design, 2014, 53: 838-848.

[70] HanSur Bang, HeeSeon Bang, HyunJong Song, et al. Joint properties of dissimilar Al6061-T6 aluminum alloy/Ti-6% Al-4% V titanium alloy by gas tungsten arc welding assisted hybrid friction stir welding [J]. Materials and Design, 2013, 51: 544-551.

[71] 赵鹏飞, 康慧. Al-Ti 异种合金真空钎焊的研究 [J]. 材料工程, 2001, 4: 25-29.

[72] 康慧, 胡刚, 赵鹏飞, 等. Sn, Ga 对 Al-Ti 异种合金真空钎焊的影响 [J]. 焊接, 2001, 6: 14-17.

[73] 马志鹏, 闫久春. TC4 钛合金与 2A12 铝合金超声钎焊接头组织及性能研究 [J]. 焊接, 2010, 1: 33-35.

[74] Chen Xiaoguang, Yan Jiuchun, Ren Sichao, et al. Microstructure and mechanical properties of Ti-6Al-4V/Al1060 joints by ultrasonic-assisted brazing in air [J]. Materials Letters, 2013, 95 (15): 197-200.

[75] 肖荣诗, 董鹏, 赵旭东. 异种合金激光熔-钎焊研究进展 [J]. 中国激光, 2011, 38 (6): 1-8.

[76] Chen Shuhai, Li Liqun, Chen Yanbin, et al. Joining mechanism of Ti/Al dissimilar alloys during laser welding-brazing process [J]. Journal of Alloys and Compounds, 2011, 509 (3): 891-898.

[77] Wei Shouzheng, Li Yajiang, Wang Juan, et al. Microstructure and joining mechanism of Ti/Al dissimilar joint by pulsed gas metal arc welding [J]. International Journal of Advanced Manufacturing Technology, 2014, 70 (5-8): 1137-1142.

[78] 宋建岭, 林三宝, 杨春利, 等. 铝与钢异种金属电弧熔-钎焊研究与发展现状 [J]. 焊接, 2008, 6: 6-9.

[79] 陈树海, 黄继华, 陈彦宾, 等. 异种合金激光熔钎焊技术的现状与展望 [J]. 焊接, 2011, 4: 27-31.

[80] Michael Kreimeyer, Florian Wagner, Frank Vollertsen. Laser processing of aluminum-titanium tailored

blanks [J]. Optics and Lasers in Engineering, 2005, 43 (9): 1021-1035.

[81] 倪加明，李俐群，陈彦宾，等. 铝/钛异种合金激光熔-钎焊接头特性 [J]. 中国有色金属学报，
2007, 17 (4): 617-622.

[82] 封小松，李俐群，朱宝华，等. 铝-钛异种合金的激光熔-钎焊 [J]. 中国激光，2007, 34 (S):
302-305.

[83] Möller F, GRDEN M, THOMY C, et al. Combined laser beam welding and brazing process for alumi-
num titanium hybrid structures [J]. Physics Procedia, 2011, 12: 215-223.

[84] 陈树海，李俐群，陈彦宾. 铝/钛异种合金激光熔-钎焊接头界面特性 [J]. 中国有色金属学报，
2008, 18 (6): 991-996.

[85] 兰天，董鹏，肖荣诗. 铝/钛异种合金激光深熔-钎焊试验分析 [J]. 焊接学报，2010, 31 (8):
110-112.

[86] Chen Yanbin, Chen Shuhai, Li Liqun. Effect of heat input on microstructure and mechanical property of
Al/Ti joints by rectangular spot laser welding-brazing method [J]. The International Journal of Ad-
vanced Manufacturing Technology, 2009, 44 (3-4): 265-272.

[87] SAMBASIVA RAO A, MADHUSUDHAN REDDY G, SATYA PRASAD K. Microstructure and ten-
sile properties of dissimilar metal gas tungsten arc welding of aluminium to titanium alloy
[J]. Materials Science and Technology, 2011, 27 (1): 65-70.

[88] Lv S X, Jing X J, Huang Y X, et al. Investigation on TIG arc welding-brazing of Ti/Al dissimilar alloys
with Al based fillers [J]. Science and Technology of Welding and Joining, 2012, 17 (7): 519-524.

[89] Ma Zhipeng, Wang Changwen, Yu Hanchen, et al. The microstructure and mechanical properties of
fluxless gas tungsten arc welding-brazing joints made between titanium and aluminum alloys
[J]. Materials and Design, 2013, 45: 72-79.

[90] Gao Ming, Chen Cong, Gu Yunze, et al. Microstructure and tensile behavior of laser arc hybrid welded
dissimilar Al and Ti alloys [J]. Materials, 2014, 7 (3): 1590-1602.

[91] 王亚荣，滕文华，余洋，等. 铝/钛异种金属的电子束熔-钎焊 [J]. 机械工程学报，2012, 48 (20):
88-92.

[92] 陈树海，李俐群，陈彦宾. 光斑形式对 Ti/Al 异种合金激光熔-钎焊特性的影响 [J]. 焊接学报，
2008, 29 (6): 49-52.

[93] 陈树海，李俐群，陈彦宾. 矩形光斑钛/铝异种合金激光熔-钎焊 [J]. 中国激光，2008, 35 (12):
2036-2041.

[94] Chen Shuhai, Li Liqun, Chen Yanbin, et al. Improving interfacial reaction non-homogeneity during la-
ser welding-brazing aluminum to titanium [J]. Materials and Design, 2011, 32: 4408-4416.

[95] 陈树海，李俐群，陶汪，等. 电流辅助钛/铝异种合金激光熔-钎焊的特性 [J]. 中国有色金属学报，
2009, 19 (11): 1942-1947.

[96] 宋志华，吴爱萍，姚为，等. 光束偏移量对钛/铝异种合金激光焊接接头组织和性能的影响 [J]. 焊
接学报，2013, 34 (1): 105-108.

[97] Song Zhihua, Kazuhiro Nakata, Wu Aiping, et al. Interfacial microstructure and mechanical property
of Ti6Al4V/A6061 dissimilar joint by direct laser brazing without filler metal and groove [J]. Materials
Science and Engineering A, 2013, 560 (10): 111-120.

[98] Shant Prakash Gupta. Intermetallic compounds in diffusion couples of Ti with an Al-Si eutectic alloy [J]

Materials Characterization，2003，49（4）：321-330.

[99]　吕世雄，崔庆龙，黄永宪，等．Ti/Al 异种合金电弧熔-钎焊接头界面断裂行为分析［J］．焊接学报，2013，34（6）：33-36.

[100]　Lv Shixiong, Cui Qinglong, Huang Yongxian, et al. Influence of Zr addition on TIG welding-brazing of Ti-6Al-4V to Al5A06［J］．Materials Science and Engineering A，2013，568（15）：150-154.

[101]　Chen Shuhai, Li Liqun, Chen Yanbin, et al. Joining mechanism of Ti/Al dissimilar alloys during laser welding-brazing process［J］．Journal of Alloys and Compounds，2011，509（3）：891-898.

[102]　Chen S H, Li L Q, Chen Y B. Interfacial reaction mode and its influence on tensile strength in laser joining Al alloy to Ti alloy［J］．Materials Science and Technology，2010，26（2）：230-235.

[103]　Chen Shuhai, Li Liqun, Chen Yanbin, et al. Si diffusion behavior during laser welding-brazing of Al alloy and Ti alloy with Al-12Si filler wire［J］．Transactions of Nonferrous Metals Society of China，2010，20（1）：64-70.

[104]　陈树海，李俐群，陈彦宾．Ti/Al 异种合金激光熔-钎焊过程气孔形成机制［J］．稀有金属材料与工程，2010，39（1）：32-36.

[105]　Chen Yanbin, Chen Shuhai, Li Liqun. Influence of interfacial reaction layer morphologies on crack initiation and propagation in Ti/Al joint by laser welding-brazing［J］．Materials and Design，2010，31（1）：227-233.

[106]　吕世雄，杨涛，黄永宪，等．Ti/Al TIG 微熔-钎焊界面行为及接头断裂行为［J］．稀有金属材料与工程，2013，42（3）：478-482.

[107]　李学朝．铝合金材料组织与金相图谱［M］．北京：冶金工业出版社，2010.

[108]　Wei Shouzheng, Li Yajiang, Wang Juan, et al. Use of welding-brazing technology on microstructural development of titanium/aluminum dissimilar joints［J］．Materials and Manufacturing Processes，2014，29（8）：961-968.

[109]　张喜燕，赵永庆，白晨光．钛合金及应用［M］．北京：化学工业出版社，2005.

[110]　杨静，程东海，黄继华，等．TC4 钛合金激光焊接接头组织与性能［J］．稀有金属材料与工程，2009，38（2）：478-482.

[111]　Fang Xiuyang, Zhang Jianxun. Effect of underfill defects on distortion and tensile properties of Ti-2Al-1.5Mn welded joint by pulsed laser beam welding［J］．International Journal of Advanced Manufacturing Technology，2014，7（5-8）：699-705.

[112]　陶杰，姚正军，薛烽．材料科学基础［M］．北京：化学工业出版社，2011.

[113]　Wei Shouzheng, Li Yajiang, Wang Juan, et al. Improving of interfacial microstructure of Ti/Al joint during GTA welding by adopting pulsed current［J］．International Journal of Advanced Manufacturing Technology，2014，73（9-12）：1307-1312.

[114]　魏守征，李亚江，王娟，等．脉冲电流对钛/铝异种金属熔-钎焊界面特征的影响［J］．焊接学报．2015，36（10）：49-52.

[115]　魏守征，李亚江，王娟，等．RuTi /1060Al 脉冲熔化极氩弧熔-钎焊接头组织特征［J］．焊接学报，2014，35（4）：63-66.

[116]　Wei Shouzheng, Li Yajiang, Wang Juan, et al. Microstructure and joining mechanism of Ti/Al dissimilar joint by pulsed gas metal arc welding［J］．International Journal of Advanced Manufacturing Technology，2014，70（5-8）：1137-1142.

[117] Wei Shouzheng, Li Yajiang, Wang Juan, et al. Influence of welding heat input on microstructure of Ti/Al joint during pulsed gas metal arc welding [J]. Materials and Manufacturing Processes, 2014, 29 (8): 954-960.

[118] Wei Shouzheng, Li Yajiang, Wang Juan, et al. Microstructure characteristics of Ti-2Al-Mn/Al1060 dissimilar joint by pulsed gas metal arc welding-brazing [J]. Kovove Mater-Metallic Materials, 2014, 52 (5): 305-311.

[119] Alfeu Saraiva, Carlos Angelo Nunes, Gilberto Carvalho Coelho. On the peritectoid $Ti_3Si$ formation in Ti-Si alloys [J]. Materials Characterization, 2006, 56 (2): 107-111.

[120] Yeh C L, Wang H J, Chen W H. A comparative study on combustion synthesis of Ti-Si compounds [J]. Journal of Alloys and Compounds, 2008, 450 (1-2): 200-207.

[121] Zhang Yongzhong, Zhang Xinjiang, Hu Jing, et al. Evolution of the microstructure and harness of the Ti-Si alloys during high temperature heat-treatment [J]. Journal of Alloys and Compounds, 2009, 479 (1-2): 246-251.

[122] Wei Shouzheng, Li Yajiang, Wang Juan, et al. Formation of brittle phases during pulsed current gas tungsten arc welding of titanium to aluminum alloys [J]. Journal of Materials Engineering and Performance, 2014, 23 (4): 1451-1457.

[123] Wang Huiyuan, Zha Min, Lv Sijie, et al. Reaction pathway and phase transitions in Al-Ti-Si system during differential thermal analysis [J]. Solid State Sciences, 2010, 12 (8): 1347-1351.

[124] Tae Won Lee, In Kyum Kim, Chi Hwan Lee, et al. Growth behavior of intermetallic compound layer in sandwich-type Ti/Al diffusion couples inserted with Al-Si-Mg alloy foil [J]. Journal of Materials Science Letters, 1999, 18 (19): 1599-1602.

[125] 叶大伦, 胡建华. 实用无机物热力学数据手册 [M]. 北京: 冶金工业出版社, 2002.

[126] YEH C L, HSU C C. An experimental stuy on $Ti_5Si_3$ formation by combustion synthesis in self-propagating mode [J]. Journal of Alloys and Compounds, 2005, 395: 53-58.

[127] Naresh N Thadhani, NAMJOSHI S, COUNIHAN P J, et al. Shock-assisted synthesis of $Ti_5Si_3$ intemetallic compound [J]. Journal of Materials Processing Technology, 1999, 85: 74-78.

[128] Mostafa Mirjalili, Mansour Soltanieh, Kiyotaka Matsuura, et al. On the kinetics of $TiAl_3$ intermetallic layer formation in the titanium aluminum diffusion couple [J]. Intermetallics, 2013, 32: 297-302.

[129] MALEK GHAINI F, SHEIKHI M, TORKAMANY M J, et al. The relation between liquation and solidification cracks in pulsed laser welding of 2021 aluminum alloy [J]. Materials and Engieering A, 2009, 519: 167-171.

[130] Wei Shouzheng, Li Yajiang, Wang Juan, et al. Research on cracking initiation and propagation near Ti/Al interface during TIG welding of titanium to aluminium [J]. Kovove Mater-Metallic Materials, 2014, 52 (2): 85-91.

[131] 魏守征, 李亚江. 钛/铝异种轻金属熔焊缺陷及解决工艺 [J]. 焊接技术, 2014, 43 (4): 59-63.